EXPLORATION

SCIENTIFIQUE

DE LA TUNISIE,

PUBLIÉE

SOUS LES AUSPICES DU MINISTÈRE DE L'INSTRUCTION PUBLIQUE.

———

PALÉONTOLOGIE.

ÉCHINIDES FOSSILES.

DESCRIPTION

DES

ÉCHINIDES FOSSILES

RECUEILLIS EN 1885 ET 1886

DANS

LA RÉGION SUD DES HAUTS-PLATEAUX

DE LA TUNISIE

PAR M. PHILIPPE THOMAS,

MEMBRE DE LA MISSION DE L'EXPLORATION SCIENTIFIQUE DE LA TUNISIE,

PAR

VICTOR GAUTHIER.

PARIS.

IMPRIMERIE NATIONALE.

M DCCC LXXXIX.

Nous étudions dans ce travail les Échinides recueillis par M. Thomas dans sa mission en Tunisie. Cette faune, tout incomplète qu'elle est, n'en est pas moins très riche, puisqu'elle nous fournit plus de cent espèces pour une première exploration dans une partie restreinte de la Régence. Elle se compose de deux parts très inégales : les Échinides des terrains crétacés, et ceux des terrains tertiaires. Les Échinides crétacés nous ont bien donné le résultat prévu, c'est-à-dire qu'ils rappellent de très près ceux de l'Algérie, que nous avons étudiés précédemment; et il ne pouvait guère en être autrement, puisque le relief du sol en Tunisie ne fait que continuer l'orographie algérienne. La moitié environ des espèces que nous décrivons ont été signalées dans la province de Constantine ou dans les parties plus occidentales de notre colonie. Il ressort de là un fait assez intéressant : cette faune crétacée, avec l'infinie variété de ses grands *Hemiaster,* et qui, d'un autre côté, compte un si petit nombre des espèces pélagiques de la craie blanche du Nord, a une extension géographique considérable. M. de Loriol, dans un ouvrage récent, nous l'a montrée au Portugal; M. Lartet l'a retrouvée en Syrie et en Palestine; M. Zittel en a rapporté de nombreux témoins d'une excursion dans les déserts libyques; et, bien plus loin encore, M. Stoliczka a décrit un ensemble d'espèces très voisines recueillies dans l'Inde méridionale; les côtes de la Provence, le sud de l'Italie et la Sicile nous en ont conservé aussi quelques traces. On peut donc supposer qu'il y avait, à l'époque où se formaient les dépôts de la période crétacée moyenne et supérieure, une grande mer qui s'étendait au sud de l'Europe et de l'Asie, du Portugal jusqu'à l'Inde, ou du moins plusieurs mers qui communiquaient entre elles.

Échinides. 1

La faune tertiaire recueillie par M. Thomas est trop peu abondante pour que nous en tirions une conclusion aussi nette : elle contient treize espèces seulement, dont deux ont été aussi rencontrées dans la partie orientale de la province de Constantine, qui n'est séparée de la Tunisie que par des conventions géographiques. Il n'y a pas, jusqu'à présent, de rapports avec les parties plus occidentales de l'Algérie. C'est de la faune tertiaire de l'Égypte et du désert de Libye, c'est aussi, mais à un degré moindre que dans le terrain crétacé, de la faune de l'Inde méridionale que se rapprochent le plus les quelques espèces tertiaires que nous décrivons ici. D'autres matériaux plus abondants, que nous avons dès maintenant entre les mains, ne font que confirmer ce que nous disons des rapports de cette faune tertiaire des Échinides de Tunisie, et comprennent un plus grand nombre d'espèces déjà signalées en Égypte.

Vanves, janvier 1889.

V. GAUTHIER.

DESCRIPTION

DES

ÉCHINIDES FOSSILES

RECUEILLIS EN 1885 ET 1886

DANS

LA RÉGION SUD DES HAUTS-PLATEAUX

DE LA TUNISIE.

I. TERRAINS CRÉTACÉS.

SPATANGOÏDES.

Hemipneustes africanus Deshayes *in* Agassiz et Desor *Catal. raisonné*, 137 [1848];
Bayle *in* Fournel *Richesse minéralog. de l'Algérie*, 375, t. 18, fig. 47-49 [1849];
Coquand *in Mém. de la Soc. d'émul. de la Provence*, II, 238, t. 23, fig. 9-11 [1862];
Brossard *Géologie de la subdivision de Sétif*, 242 [1867]; Coquand *in Bull. Acad.
Hippone*, XV, 419 [1880]; Cotteau, Peron et Gauthier *Échin. foss. Alg.*, fasc. VIII,
119, t. 9, fig. 1-4 [1883].

Les deux espèces d'*Hemipneustes* citées dans les *Échinides fossiles de l'Algérie* se
rencontrent aussi en Tunisie. Les individus appartenant au type de l'*H. africanus*
ne diffèrent en rien des types connus d'El-Kantara et d'El-Outaïa. C'est bien la
même taille, la même forme très élevée et subconique, peu allongée, à base presque
ronde, légèrement ovale, avec sillon antérieur large et peu profond à la partie supérieure, plus étroit et plus creusé près du bord. Les couches qui renferment ces
oursins en Algérie se prolongent en Tunisie; la couleur de la gangue qui les enveloppe est aussi la même; c'est une marne argileuse jaunâtre qui se lave assez
facilement et permet de conserver de beaux spécimens de l'espèce.

Oued Taferma dans le Cherb (Lx). – Étage campanien.

Hemipneustes Delettrei Coquand *in Mém. Soc. émul. Provence*, II, 239, t. 24, fig. 1-3
[1862]; Brossard *Subd. de Sétif*, 342 [1867]; Coquand *in Bull. Acad. Hippone*, 449
[1880]; Cotteau, Peron et Gauthier *Échin. foss. Alg.*, fasc. VIII, 122, t. 10, fig. 1-4
[1883].

La plupart des exemplaires de l'*H. Delettrei* qui nous ont été communiqués sont
de grande taille, et, par suite, diffèrent un peu de celui que nous avons figuré.

Quand nous avons décrit cette espèce parmi les Échinides sénoniens de l'Algérie,
nous avions entre les mains l'exemplaire même qui avait servi de type à Coquand;
nous ne pouvions choisir un modèle plus sûr. Depuis, il nous en est revenu plusieurs autres exemplaires, de taille plus considérable, se rattachant sans aucun

1.

doute au type décrit, mais, par suite de leur plus grand développement, plus épais, plus élevés, et s'écartant moins de l'*H. africanus*. Les exemplaires de Tunisie que nous avons pu examiner appartiennent à cette dernière catégorie.

Nous avons dit, dans notre première description, que les détails du test étaient presque les mêmes dans les deux espèces. Le sillon antérieur, notamment, présente le même élargissement à la partie supérieure, et le même rétrécissement au pourtour. Il n'y a de différences bien sensibles que dans la forme, l'*H. africanus* étant toujours court, à base presque ronde, très élevé, et prenant son développement en hauteur dans les individus les plus grands. C'est ainsi que nous possédons un exemplaire dont la hauteur est de 75 millimètres pour une longueur de 82 millimètres seulement, et une largeur de 74. Dans l'*H. Delettrei*, au contraire, l'accroissement se fait surtout en longueur et en largeur; la forme reste toujours relativement déprimée. Ainsi l'exemplaire type, de taille moyenne, a 81 millimètres de longueur, 75 de largeur et 46 de hauteur. Un second exemplaire, dont la longueur atteint 95 millimètres, n'a que 54 millimètres de hauteur; et un exemplaire tunisien mesurant 106 de longueur, 92 de largeur, n'a que 64 de hauteur. Nous n'avons pas trouvé jusqu'à présent d'individus intermédiaires, c'est-à-dire d'*H. africanus* qui tende à s'allonger, ou d'*H. Delettrei* qui s'accroisse en hauteur, de manière à rapprocher les deux espèces. Elles ont cependant de très grandes affinités; et, bien qu'elles restent très distinctes dans l'état actuel de nos connaissances, et d'après des matériaux déjà assez riches, nous ne serions pas étonné que plus tard on ne découvrît des sujets flottant entre les deux types, qui se rattacheraient aussi bien à l'un qu'à l'autre.

Bir Magueur (Thomas); seuil de Kriz (Lx, Dru). — Campanien.

Genre **OPISOPNEUSTES** Gauthier.

Échinide de moyenne et de grande taille. — Forme allongée, très déprimée, à peine renflée à la partie supérieure, à peu près plate en dessous, en dehors du plastron. Apex à peu près central. — Appareil apical allongé, à plaques génitales disjointes par les ocellaires qui se touchent, comme dans le genre *Hemipneustes*. — Ambulacre impair différent des autres, logé dans un sillon évasé à la partie supérieure, profond à l'ambitus. Les paires de pores sont extrêmement réduites. — Ambulacres pairs assez développés, superficiels, apétaloïdes, à zones porifères très inégales : l'antérieure complètement atrophiée près du sommet, visible à la loupe seulement à la partie moyenne et inférieure de l'ambulacre; zones postérieures larges, les pores internes ronds, les externes en fente et très allongés. — Péristome situé près du bord antérieur, transverse, réniforme et fortement labié. — Périprocte occupant une grande partie de la face postérieure, dans une excavation semblable à celle des *Hemipneustes*. — De gros tubercules primaires, scrobiculés, forment des rangées régulières, peu nombreuses qui descendent du sommet dans les interambulacres. — Un fasciole marginal, bien visible, mais mal limité.

RAPPORTS ET DIFFÉRENCES. C'est avec le genre *Hemipneustes* que notre nouveau type générique a le plus de rapports. Sa forme plate et allongée, son fasciole marginal, et surtout les gros tubercules qui ornent les aires interambulacraires distinguent amplement les deux genres. Les zones antérieures des ambulacres oblitérées, les gros tubercules de la face supérieure ne permettent pas de confondre le genre *Opisopneustes* avec les *Cardiaster*, qui ont de commun avec lui leur appareil allongé et leur fasciole marginal. Si on compare notre type avec les autres genres à gros tubercules qu'on rencontre au même horizon, les *Guettaria* Gauthier s'en distinguent par leur forme subconique, par leurs gros tubercules autrement disposés, et surtout par la forme et la situation de leur péristome qui n'a d'analogue dans aucun autre genre. Les *Entomaster* Gauthier s'en distinguent par leur forme élevée et large, par leurs gros tubercules répandus sur toute la face supérieure, par leurs zones porifères presque égales, par leurs pores courts et en chevrons.

Sénonien.

Opisopneustes Cossoni Thomas et Gauthier, t. 1, fig. 1-5.

DIMENSIONS.

Longueur	Largeur	Hauteur
Longueur ...... 38 millim.	Largeur .... 31 millim.	Hauteur........ 17 millim.
— 53	— 43	— 18
— 72	— 63	— 30
— 90	— 75	— 36

Espèce de grande taille, très basse, allongée, étroite relativement, à côtés presque parallèles, le bord latéral ne dessinant qu'une courbe à long rayon; fortement échancrée en avant, tronquée carrément en arrière. Face supérieure uniformément convexe; bord presque tranchant; face inférieure plate, sauf un léger renflement du plastron. Apex subcentral, un peu rejeté en arrière. — Appareil apical médiocrement développé, allongé; les plaques ocellaires antérieures se rejoignent et séparent les génitales, les pores génitaux et ocellaires sont sur la même ligne, ces derniers très petits. Le corps madréporiforme couvre, dans notre exemplaire de 53 millimètres, les deux plaques génitales antérieures et la partie interne des plaques ocellaires; il est moins étendu dans l'exemplaire de 38 millimètres. — Ambulacre impair logé dans un sillon étroit près du sommet, s'évasant un peu plus bas, pour se rétrécir de nouveau et se creuser davantage à l'ambitus. Zones porifères formées de paires très réduites de petits pores ronds, obliquement disposés, séparés par un granule. Les paires, assez rapprochées près du sommet, s'écartent ensuite de plus en plus, tout en restant visibles jusqu'à l'ambitus; elles occupent la partie inférieure des plaques. L'espace interzonaire est large et finement granuleux, mais dénué de tubercules. — Ambulacres pairs à fleur de test, larges, sinueux, longs mais inégaux, les postérieurs d'un tiers plus courts que les antérieurs. Zones porifères très inégales : dans les ambulacres antérieurs, la zone antérieure est entièrement oblitérée depuis le sommet jusqu'aux deux tiers de sa longueur. Sur notre exemplaire de 38 millimètres, on ne la distingue pas, même avec une bonne loupe; ce n'est qu'au tiers inférieur qu'on aperçoit une dizaine de paires de pores ronds, très réduites. Sur notre exemplaire de 53 millimètres, on distingue quelques paires microscopiques dans toute la longueur, un peu plus développées en bas. L'atrophie est moins complète dans les ambulacres postérieurs; la zone réduite se voit sur un plus long parcours; mais elle n'est encore que très difficilement visible dans le premier tiers en partant du sommet. Zones postérieures très larges, avec pores internes petits, ronds ou ovalaires, et pores externes linéaires, en longue fente acuminée dans la direction de l'autre pore; ils sont conjugués, et les paires sont séparées par des bourrelets granuleux. L'espace interzonaire est plus large que les zones postérieures; il est couvert d'une fine granulation. — Aires interambulacraires portant de gros tubercules primaires scrobiculés. Dans chaque interambulacre antérieur il y a une rangée très régulière de cinq tubercules, près du sillon ambulacraire. A l'endroit où cesse cette rangée, il en naît une autre, plus rapprochée du sillon, ayant le même nombre de tubercules, moins régulièrement disposés, avec quelques autres moins gros sur les côtés. Dans les interambulacres latéraux, il n'y a qu'une rangée de cinq tubercules descendant en ligne droite du sommet au milieu de l'aire; parfois cette rangée s'infléchit un peu dans le sens des ambulacres antérieurs. En dehors de cette ligne, l'aire est simplement granuleuse; cependant, sur un de nos exemplaires, on voit encore un ou deux tubercules égarés près du bord. L'interambulacre impair postérieur montre deux rangées, une de chaque côté de la suture médiane; elles sont également composées chacune de cinq tubercules, mais placés moins régulièrement. — Péristome assez rapproché du bord, largement ouvert, réniforme, labié en arrière; il est entouré de tubercules assez gros, mais bien moins développés que les tubercules primaires de la face supérieure. Ces tubercules se continuent sur tout le bord inférieur, en dehors des avenues ambulacraires qui paraissent nues; les tubercules du plastron sont également peu développés. — Périprocte assez grand, situé à la face postérieure, dans une excavation semblable à celle des *Hemipneustes*, et qui entame fortement le bord. — Fasciole marginal large, mal défini, visible seulement sur les côtés. L'état de nos exemplaires ne nous permet pas d'affirmer qu'il traverse le sillon antérieur; même observation pour l'excavation périproctale.

Obs. Notre description a été faite sur les deux plus petits individus indiqués aux dimensions, les autres étant moins bien conservés.

Bir Magueur, Chebika. - Dordonien.

Nous nous faisons un plaisir de dédier la première et unique espèce de ce genre si remarquable à M. Cosson, membre de l'Institut, le promoteur des missions géologiques en Tunisie.

CLASSEMENT DES HOLASTÉRIDÉES.

Le groupe [1] des véritables Holastéridées, comprenant les Spatangoïdes qui ont l'appareil apical allongé, avec les plaques génitales séparées par l'intercalation des ocellaires paires antérieures, l'ambulacre impair différent des autres et logé dans un sillon plus ou moins prononcé, les ambulacres pairs superficiels, apétaloïdes, le péristome excentrique en avant, et le périprocte à la partie postérieure, supramarginal, qui sont dépourvus de tout fasciole et de gros tubercules primaires, doit, selon nous, se répartir en trois genres :

1° **Holaster** Agassiz.

Plus ou moins cordiforme; zones porifères de l'ambulacre impair très étroites, formées de pores ronds ou virgulaires, ordinairement obliques et séparés par un granule; ambulacres pairs ouverts à leur extrémité, droits ou flexueux, à zones porifères étroites, composées de pores peu développés, ronds ou ovalaires, souvent en chevrons; zones souvent un peu inégales en largeur; péristome réniforme faiblement labié : *H. intermedius, levis, Brongniarti, amplissimus, Perezii, nodulosus, Toucasi, subglobosus, suborbicularis, marginalis, planus, icaunensis, æquituberculatus, Tizigrarina, placenta*, etc.

2° **Hemipneustes** Agassiz.

Ordinairement de grande taille; ambulacre impair logé dans un sillon échancrant fortement l'ambitus, avec pores ronds et obliques; ambulacres pairs longs, flexueux; zones porifères très inégales, les antérieures plus étroites que les postérieures et formées de pores ronds ou ovalaires, parfois conjugués à la partie inférieure de l'ambulacre; zones postérieures très larges, ayant le pore interne rond, l'externe en fente et très allongé; périprocte bas, et dans une cavité spéciale au genre; le corps madréporiforme couvre ordinairement toutes les plaques de l'appareil : *H. radiatus, pyrenaicus, Delettrei, africanus*.

3° **Pseudholaster** Pomel.

Ambulacre impair semblable à celui des *Holaster* et des *Hemipneustes*; ambulacres pairs à zones toujours inégales, les antérieures plus étroites, mais avec leurs pores allongés en fentes. Il n'y a pas de pores ronds dans les ambulacres pairs, et les zones postérieures sont quelquefois très larges; périprocte dans une aréa souvent

---

[1] Nous disons *groupe*, faute d'un terme meilleur. Les auteurs qui ont divisé les *familles* en tribus et en sous-tribus nous paraissent avoir fait un contresens. Dans l'acception ordinaire et historique du mot, *tribu* est plus étendu que *famille*. On ne voit pas une famille composée de plusieurs tribus; il nous semble au contraire que ce sont les tribus, et même les sous-tribus, si l'on tient à ce mot, qui comprennent plusieurs familles.

déprimée, mais non excavée; le corps madréporiforme couvre une ou plusieurs
plaques de l'appareil apical : *P. Barrandei, batnensis, Desclozeauxi, Meslei, in-
teger, bicarinatus, prestensis*, etc.

M. Pomel a ajouté deux sous-genres que nous ne croyons pas devoir adopter, et
un genre, que nous plaçons ailleurs :

1° Le sous-genre *Plesiocorys*, pour les *Holaster placenta* et *Toucasi*, deux espèces assez différentes l'une de l'autre. Le caractère principal de ce sous-genre est
d'avoir le périprocte très bas : ce caractère, qui n'est qu'une question de degré,
ne nous paraît pas suffire pour établir une coupe générique. Le sillon obsolète
dans ces deux espèces se retrouve dans de véritables *Holaster*, et les pores de l'ambulacre impair, très petits, ne diffèrent guère de ceux de tout le groupe.

2° Le sous-genre *Heteropneustes*, qui comprend *Holaster tenuistriatus* d'Orbigny,
Cardiaster tenuiporus Cotteau, *C. marticensis* Cotteau. Ce dernier a un fasciole marginal; le second n'est représenté que par un fragment qui ne peut pas prouver
grand'chose; quant à l'*Hol. tenuistriatus*, malgré l'inégalité de ses zones porifères
et sa forme surbaissée, nous ne voyons pas qu'il diffère assez des *Holaster* pour
devenir un type générique.

Le genre *Pseudananchys*, avec ses cinq ambulacres semblables, formés de pores
linéaires, son périprocte inframarginal, sa forme ovalaire, nous paraît devoir être
bien mieux à sa place dans le groupe des *Echinocorys*, dont il ne diffère que par
la présence d'un sillon antérieur très peu marqué, et par ses ambulacres à pores
un peu plus allongés. Ce genre ne contient jusqu'à présent qu'une espèce assez
rare du Cénomanien, le *P. algira*, dont Coquand avait fait un *Ananchites (Echinocorys)*, sans tenir compte du sillon antérieur, et que nous avions nous-même
compris dans les *Holaster* en attribuant trop d'importance à ce sillon.

Pseudholaster Meslei Thomas et Gauthier, t. 1, fig. 1-8.

DIMENSIONS.

Longueur		Largeur		Hauteur	
—	33 millim.	—	32 millim.	—	20 millim.
—	46	—	43	—	30
—	48	—	48	—	32
—	55	—	55	—	36

Espèce de grande taille, subgibbeuse, plus élevée en avant qu'en arrière, où elle est tronquée. Pourtour fortement échancré par le sillon
antérieur; partie antérieure à peu près verticale, jusqu'au point culminant,
en arrière duquel le test s'abaisse doucement jusqu'à la partie postérieure,
qui est verticale aussi. Les côtés descendent en forme de toit. Pourtour
épais et arrondi; dessous renflé sauf une légère dépression autour du
péristome. Apex excentrique en avant, un peu en arrière du point culminant. — Appareil apical allongé, bien développé. Les deux plaques
ocellaires paires antérieures, de forme pentagonale, sont en contact
entre les plaques génitales qu'elles séparent, et aussi développées que
celles-ci; les pores sont en ligne droite. Le corps madréporiforme varie

dans ses dimensions : sur l'exemplaire de 46 millimètres, il couvre l'ocellaire impaire, les deux génitales et les deux ocellaires paires antérieures, les génitales postérieures n'en portent aucune trace. Sur notre plus grand exemplaire, il couvre tout l'appareil, à l'exception d'une partie des ocellaires postérieures. — Ambulacre impair logé dans un sillon profond et médiocrement évasé, qui prend naissance dès l'apex, et descend en se creusant de plus en plus jusqu'au péristome. Zones porifères très étroites, montrant jusqu'au bord de petites paires de pores, plus serrées près du sommet et se distançant à mesure qu'elles s'en éloignent ; pores très petits, obliques et séparés par un granule. L'espace interzonaire est large et granuleux, avec une rangée peu régulière de granules plus marqués dans le voisinage des zones porifères. — Ambulacres pairs superficiels, apétaloïdes, tous très longs et très larges. Les antérieurs mesurent sur notre plus grand exemplaire 30 millimètres en longueur et 12 millimètres en largeur. Les postérieurs sont à peine moins longs et un peu plus étroits (10 millimètres). Zones porifères larges, mais très inégales ; l'antérieure très étroite près du sommet, mais qui s'élargit plus bas, n'excède jamais la moitié de l'autre qui atteint 5 millimètres dans les ambulacres antérieurs. Pores tous allongés, linéaires, en fentes étroites, excepté près du sommet où ils sont assez réduits dans la zone antérieure. — Péristome réniforme, transverse, labié en arrière, placé assez près du bord antérieur dans une dépression du test. Il est entouré, dans chaque aire ambulacraire, de trois ou quatre paires de pores, et de tubercules médiocrement développés dans les interambulacres. Plastron bien déterminé, orné de petits tubercules. — Périprocte elliptique, assez large, situé en haut d'une aréa ovalaire qui n'occupe pas toute la face postérieure ; il n'est guère qu'à moitié de la hauteur totale du test.

RAPPORTS ET DIFFÉRENCES. La grande taille de cette espèce, sa partie antérieure verticale, son profond sillon, ses zones porifères si longues et si larges la distinguent de tous ses congénères. Nous avons un moment songé à la rapprocher des *Hemipneustes*; mais la nature de ses pores ambulacraires ne permet pas de la réunir ni à ce genre, ni aux vrais *Holaster*. Elle est le type le plus complet du genre *Pseudholaster*, dont les espèces sont surtout africaines, mais qui est aussi représenté en Europe, bien qu'avec des ambulacres moins développés que dans l'espèce qui nous occupe.

Djebel Sidi-bou-Ghanem ; Djebel Bou-Driès. — Santonien.

Holaster sp. ?

Le genre *Holaster* n'est représenté parmi les Échinides recueillis par M. Thomas que par un exemplaire jeune, ayant à peine 9 millimètres de longueur, et déformé. Aussi nous ne cherchons ni à le décrire, ni à lui donner une détermination spécifique. Nous n'en faisons mention que pour constater la présence de ce genre, ordinairement si répandu dans les terrains crétacés. Après avoir établi qu'il ne fait pas complètement défaut en Tunisie, nous sommes convaincu qu'on le rencontrera plus abondant et plus varié dans d'autres gisements encore inexplorés.

Djebel Meghila, zone inférieure du sommet. - Étage cénomanien.

Echinocorys Lamberti Thomas et Gauthier.

Le genre *Echinocorys* n'a pas encore été rencontré en Algérie. M. Thomas en a recueilli un exemplaire en Tunisie. Cet exemplaire, le seul jusqu'à présent qui atteste la présence dans les régions de l'Atlas d'un genre si commun en Europe, est malheureusement tout déformé, de sorte qu'il nous serait difficile d'en donner une description complète. Le dessous ne nous montre que la position inframarginale du périprocte ; l'emplacement de l'apex est complètement écrasé et une compression latérale ne nous permet pas de dire exactement quelle était la forme de cet individu. D'après la courbure du test à la partie supérieure, si cette courbure n'est pas elle-même un résultat de la déformation, peut-être cet oursin appartient-il à la variété de forme dite *hemisphærica*. Toutefois, dans le fâcheux état où se trouve notre sujet, il y a un fait qui nous paraît incontestable, c'est qu'il ne peut appartenir à aucune des espèces déjà connues. Les ambulacres sont en effet suffisamment conservés, et c'est d'après leur disposition que nous n'hésitons pas à faire de notre exemplaire un nouveau type spécifique. Les pores, semblables à ceux de tous les *Echinocorys*, se présentent en paires très nombreuses et très serrées ; il y en a 50 avant qu'elles ne commencent à devenir plus distantes, et 15 de cet endroit jusqu'au bord ; ce qui fait 65 paires dans chaque zone à la partie supérieure. Aucune espèce du genre ne présente un pareil nombre de paires de pores. Près du sommet, il y a cinq plaquettes porifères pour une plaque ambulacraire ; mais à la partie plus rapprochée du bord, il n'y en a plus que deux, comme dans la plupart des espèces du genre. Cette multiplicité des pores rappelle un peu notre *Holaster algirus* (*Pseudananchys* Pomel) ; mais c'est là le seul caractère commun entre les deux types, à la face supérieure : le dernier, en effet, a des pores linéaires allongés ; il a un faible sillon antérieur sensible à l'ambitus, qui manque sûrement sur l'exemplaire tunisien, car cette partie est assez bien conservée.

Djebel Bou-Gafer, versant occidental, avec le *Plesiaster Cotteaui*. - Sénonien.

Epiaster Bleicheri Thomas et Gauthier, t. 1, fig. 9-11.

DIMENSIONS.

Longueur	Largeur	Hauteur
Longueur ...... 23 millim.	Largeur .... 22 millim.	Hauteur .... 13 millim.
— 27	— 25	— 15
— 29	— 27	— 15

Espèce de petite taille plus longue que large, peu élevée, rétrécie en arrière où elle est plutôt arrondie que tronquée, plus large en avant, où le sillon impair ne produit qu'un faible sinus au pourtour, plane en dessous sauf une légère dépression à l'endroit du péristome. Apex central. — Appareil apical peu développé, compact ; le madréporide n'occupe qu'une partie de la plaque génitale antérieure de droite, et ne disjoint pas les postérieures; les pores ocellaires dans les angles externes. — Ambulacre impair logé dans un sillon peu profond, se dessinant à peine sur toute la partie supérieure, et émarginant faiblement l'ambitus. Zones porifères bien développées, les dix premières paires composées de pores petits et obliques, séparés dans chaque paire par un granule; les suivantes sont formées de pores linéaires, inégaux, les internes plus courts, en accent circonflexe largement ouvert, toujours séparés par un granule et non conjugués; puis la disposition en chevrons s'accentue davantage jusqu'à l'extrémité des zones. L'espace interzonaire paraît lisse; vers l'ambitus, il porte quelques petits tubercules. — Ambulacres pairs pétaloïdes, presque égaux, imparfaitement fermés, logés dans des sillons évasés et à peine creusés, bien limités cependant. Zones porifères larges et égales, formées de paires de pores presque égaux, les internes un peu moins développés, linéaires, conjugués par un sillon délicat. Des rangées de petits granules séparent les paires, qui sont au nombre de trente-neuf dans les ambulacres antérieurs et de trente-six dans les postérieurs. La zone interporifère est ornée de fins granules, et de quelques très petits tubercules aux angles des plaquettes. — Péristome subpentagonal, à fleur de test, à peine labié postérieurement. — Périprocte petit, ovale, placé à la face postérieure au sommet d'une aréa convexe, bordée de petites protubérances; il est situé à peu près à moitié de la hauteur totale. — Tubercules assez accusés, répandus sur tous les interambulacres au milieu d'une fine granulation, plus gros en dessous, surtout près du péristome.

RAPPORTS ET DIFFÉRENCES. Par sa forme peu élevée, arrondie en arrière, par ses sillons ambulacraires peu creusés, sa petite taille, l'*E. Bleicheri* se distingue facilement de ses congénères, et notamment des *E. incisus* et *Henrici*, qui vivaient à peu près au même horizon stratigraphique. Les pores en partie linéaires de son ambulacre impair le rapprochent du genre *Hypsaster* Pomel. Nous n'avons pas cru pouvoir l'y faire entrer parce que les pores de cet ambulacre, sauf cinq ou six paires, sont plutôt en chevrons que droits, qu'ils ne sont jamais conjugués, mais au contraire toujours séparés par un granule. Ce genre *Hypsaster*, qui a pour caractère d'avoir l'ambulacre impair pétaloïde non fermé, avec des pores linéaires conjugués, ne nous semble pouvoir être maintenu que pour quelques grandes espèces, *E. variosulcatus*, *E. Vattonei*, mais non *E. Villei*, qui n'y est indiqué que par erreur. Les petites espèces ne nous paraissent pas entrer facilement dans cette nouvelle coupe générique. L'*E. Henrici*, que cite M. Pomel, a l'ambulacre impair des *Hemiaster*; le *Toxaster gibbus* a des tubercules sur les ambulacres pairs, ce qui est bien le caractère des *Toxaster*; le *T. Collegnoi* a les zones des ambulacres pairs très inégales, et les pores de l'ambulacre impair en chevrons et séparés par un granule. Même dans les grandes espèces typiques, les pores de l'ambulacre impair, droits et allongés, ne sont jamais bien nettement conjugués, du moins sur tous les bons exemplaires que nous avons pu examiner: ils sont toujours séparés par un ou deux granules; et, dans les exemplaires qui n'ont pas atteint tout leur développement, ce granule est très prononcé entre les deux pores de toutes les paires.

Djebel Meghila, au sommet, zone moyenne. — Cénomanien. — Assez commun.

Epiaster cf. incisus Coquand.

Nous désignons ainsi un exemplaire d'assez grande taille, malheureusement mal dégagé et un peu comprimé. Sa forme générale le rapproche de l'*Epiaster polygonus* d'Orbigny; mais il a les pétales ambulacraires postérieurs plus longs, et logés dans des sillons plus creusés. Ce n'est qu'avec hésitation que nous le rapprochons de l'*Ep. incisus* Coquand, qui se trouve en Algérie à un niveau un peu plus élevé, et qui a la partie antérieure moins étalée. Mais notre exemplaire a pu être déformé par compression. Il faudra attendre des matériaux meilleurs.

Djebel Nouba. — Urgo-aptien, niveau à Orbitolines.

Heteraster oblongus (du Luc) d'Orbigny [1853]; Brossard *Subdiv. de Sétif*, 114 [1867]; Nicaise *Cat. anim. foss. prov. d'Alger*, 43 [1870]; Cotteau, Peron et Gauthier *Échin. foss. Alg.*, fasc. II, 20 [1876]; Coquand *in Bull. Acad. Hippone*, XV, 227 [1880].

M. Thomas a recueilli un exemplaire de cette espèce, assez connue pour qu'il ne nous soit pas nécessaire d'en reproduire ici la description. Nous n'insisterons que sur un détail. Cet exemplaire, qui mesure 40 millimètres de longueur, porte déjà, parmi les pores de la branche étroite des ambulacres pairs antérieurs, quelques paires irrégulières, dont les pores sont plus réduits, comme il arrive dans l'ambulacre impair. Ce cas ne se produit que pour les exemplaires de grande taille, et nous l'avons déjà signalé dans les *Échinides de l'Algérie*, en montrant qu'il n'était pas toujours constant. Nous pensons qu'il n'est pas sans intérêt de constater que la même irrégularité se produit en Tunisie, sur un exemplaire de taille moins développée.

Djebel Nouba. — Niveau à Orbitolines.

Enallaster Tissoti (Coquand) Pomel [1883]; *Heteraster Tissoti* Coquand *loc. cit.*, II, 250, t. 24, fig. 7-9 [1862]; Cotteau, Peron et Gauthier *Échin. foss. Alg.*, fasc. III, 22 [1876]; *Enallaster Tissoti* Pomel *Classif. méth. des Échinides*, 44 [1883].

Nombreux exemplaires, de taille médiocre, oblongs, assez élargis, subcordiformes, sensiblement échancrés en avant par le sillon ambulacraire. — Les pores de l'ambulacre impair présentent une double disposition : les paires sont formées de pores linéaires, allongés, l'externe plus long que l'interne; d'autres paires, moins nombreuses et alternant irrégulièrement avec les premières, sont formées de pores plus réduits et disposés en chevrons. — Les ambulacres pairs antérieurs offrent des zones inégales : la postérieure, assez large, avec pores externes linéaires et longs, et pores internes également linéaires, mais plus courts; la zone antérieure est étroite, et ne porte que des pores réduits et disposés en chevrons. Dans les ambulacres postérieurs, les zones sont beaucoup moins inégales et les pétales presque fermés.

M. de Loriol, dans une discussion très approfondie[1], propose de réunir les genres *Heteraster* et *Enallaster* en un seul, qui porterait ce dernier nom. Il est bien certain que les différences qui séparent les deux genres ne sont pas considérables, et les types intermédiaires que cite notre savant et sympathique collègue atténuent encore ces différences. Dans les exemplaires d'*Enallaster Tissoti* que nous avons sous les yeux, les zones des ambulacres postérieurs ne sont pas complètement égales en largeur; l'antérieure est plus étroite, sans qu'il y ait cependant la même disproportion que dans les ambulacres pairs antérieurs. Nous sommes donc tout disposé à admettre la réunion des deux genres en un seul, et à donner à l'espèce précédente le nom d'*Enallaster oblongus*.

Djebel Oum-el-Oguel; Djebel Oum-Ali (Cherb central); Djebel Roumana (Cherb oriental). – Albien.

Hemiaster Heberti Peron et Gauthier [1878], Coquand *sp.* [1862]; *Epiaster Heberti* Coquand *in Mém. Soc. émul. Provence*, II, 242, t. 25, fig. 7-9 [1862]; *Epiaster Coquandi* Seguenza *Relazioni di talune rocce cret. della Calabria con alcuni terreni dell' Africa settentrionale*, 16, t. 1, fig. 2; *Hemiaster Heberti* Cotteau, Peron et Gauthier *Échin. foss. Alg.*, fasc. iv, 129, t. 7, fig. 1-3 [1878].

L'*H. Heberti* a été recueilli en plusieurs endroits de la Tunisie, où il paraît aussi abondant qu'en Algérie. Il y présente exactement la même physionomie, une forme déprimée, longue et large, un sommet central, parfois un peu excentrique en avant, des ambulacres étendus, logés dans des sillons bien marqués, se prolongeant presque jusqu'au pourtour; un fasciole péripétale étroit, souvent indécis et difficile à suivre, ou bien nettement marqué, sans que ces différences soient dues à l'état de conservation. — Des huit exemplaires que nous avons sous les yeux en ce moment, cinq, les plus jeunes, ont les plaques génitales postérieures en contact; les trois autres, de taille un peu plus grande, ont ces deux mêmes plaques séparées par l'intercalation du madréporide, résultat conforme à nos recherches sur l'appareil apical des *Hemiaster*, dont nous avons donné communication ailleurs[2].

Un exemplaire recueilli au sommet du Djebel Meghila diffère sensiblement des autres, et présente comme l'exagération de plusieurs des caractères spécifiques. Il est plus large que long; le sommet apical est fortement excentrique en avant; les sillons des ambulacres pairs sont très larges et s'étendent jusqu'au bord; et le

---

[1] *Recueil zoologique suisse :* Notes pour servir à l'étude des Échinodermes, I, 19 [1884].
[2] *Association française pour l'avancement des sciences.* Congrès de Nancy, 406 [1886].

fasciole péripétale, peut-être à cause de la médiocre conservation de la surface,
n'est visible qu'à l'extrémité d'un seul ambulacre pair antérieur. Avec cela, l'ensemble de la physionomie rappelle bien l'*H. Heberti;* la disposition des tubercules est la même, et il y a en somme un air de parenté incontestable. Aussi
croyons-nous devoir rattacher cet individu au type ordinaire. Des matériaux plus
abondants montreront peut-être plus tard si cette détermination, que nous croyons
probable aujourd'hui, doit être maintenue [1].

Djebel Meghila, zone inférieure du sommet et Foum-el-Guelta; Djebel Semama.
– Cénomanien.

Hemiaster Meslei Peron et Gauthier *Échin. foss. Alg.*, fasc. IV, 102, t. 4, fig. 5-8
[1878]; Coquand *in Bull. Acad. Hippone*, XV, 235 [1880].

En dehors d'un grand exemplaire non douteux, nous rapportons à cette espèce,
avec quelque hésitation, trois exemplaires très jeunes, qui nous paraissent s'y
adapter assez bien. Le plus grand n'a que 18 millimètres de longueur. A cette
taille, nos exemplaires ne sont pas sans quelques rapports avec l'*H. saadensis* Peron
et Gauthier; ils en diffèrent par l'absence de gros tubercules à la partie antérieure, le long du sillon, et par leur appareil apical moins élargi. D'un autre côté,
les jeunes de l'*H. Meslei*, à taille égale, nous paraissent tout à fait identiques. Mais
il est à souhaiter qu'on rencontre des matériaux plus complets.

Djebel Meghila, Foum-el-Guelta, zone moyenne. – Cénomanien.

Hemiaster batnensis Coquand *in Mém. Soc. émul. Provence*, II, 248, t. 26, fig. 6-8
[1862]; Brossard *Subdiv. de Sétif*, 227 et suiv. [1867]; Hardouin *Bull. Soc. géol.*,
2ᵉ série, XV, 34 [1868]; Cotteau *Éch. nouv. ou peu connus*, I, 150, t. 20, fig. 11-13
[1869]; Peron *Bull. Soc. géol.*, 2ᵉ série, XXVII, 599 [1870]; Cotteau, Peron et
Gauthier, *Échin. foss. Alg.*, fasc. IV, 118 [1878]; Coquand *in Bull. Acad. Hippone*,
300 [1880].

L'*Hemiaster batnensis* est loin d'être fréquent en Tunisie comme il l'est en Algérie, du moins dans l'état actuel de nos connaissances sur l'Échinologie de ce
pays. Nous n'en avons rencontré que quelques exemplaires, rappelant surtout
le type d'Aïn Baïra, qui est parfois un peu plus épais, un peu plus arrondi sur
les flancs que la plupart des individus recueillis à Batna, où l'on trouve d'ailleurs
aussi cette variété. En dehors de cette remarque, les sujets que nous avons entre
les mains ne présentent aucune particularité qui les éloigne du type spécifique. Il
est probable que des recherches ultérieures donneront des matériaux plus abondants pour l'étude de cette espèce si répandue aux environs de Batna et de
quelques localités algériennes.

Djebel Meghila, Foum-el-Guelta, zone moyenne; Djebel Taferma (sud); Djebel
Cehela; Djebel Oum-Debban; Djebel Semama (sommet). – Cénomanien.

---

[1] Nous avons pu étudier récemment d'autres exemplaires de grande taille, recueillis en Algérie : nous croyons être en présence d'un type nouveau; il est trop tard pour en donner des figures
dans ce travail; nous le décrirons ailleurs, sous le nom d'*H. insolitus*.

Hemiaster Chauvenetl Peron et Gauthier *Échin. foss. Alg.*, fasc. IV, 135, t. 8, fig. 1-5 [1878].

Les exemplaires peu nombreux recueillis en Tunisie nous paraissent parfaitement conformes au type algérien d'Aïn Ougrab; et cette conformité nous montre plus que jamais que ce type, tout en se rapprochant de quelques autres espèces, n'en forme pas moins un oursin vraiment distinct, ayant ses caractères spécifiques propres, et qui doit être maintenu dans la nomenclature. L'*H. Meslei* a le sillon antérieur bien plus prononcé; l'*H. pseudo-Fourneli* est moins allongé, et présente un sillon antérieur plus étroit.

Djebel Cehela; Djebel Dagla. – Étage cénomanien.

Hemiaster pseudo-Fourneli Peron et Gauthier *in* Cotteau, Peron et Gauthier *Échin. foss. Alg.*, fasc. IV, 113, t. 4, fig. 5-8 [1878]; Coquand *in Bull. Acad. Hippone*, XV, 236 [1880]; Rolland *Mission d'El-Goléa*, t. 1, fig. 1-3.

Exemplaires de taille médiocre, à forme légèrement polygonale au pourtour, rétrécis en arrière, larges relativement, avec pourtour émarginé en avant par le sillon, et tronqué verticalement en arrière. Apex à peu près central. Sillon antérieur évasé, mais peu profond au bord. Pétales pairs assez creusés, les postérieurs presque aussi longs que les antérieurs. Péristome presque au tiers antérieur; périprocte au sommet d'une aréa presque plate, qui occupe la face postérieure.

Les exemplaires de Tunisie, par leur taille peu développée, leur physionomie générale, et même la couleur de la gangue qui les enveloppait, rappellent de très près une variété de la même espèce, recueillie à El-Ghebar par M. le commandant Durand.

Djebel Taferma (sud); El-Aïeïcha. – Cénomanien.

Hemiaster consobrinus Peron et Gauthier *in* Cotteau, Peron et Gauthier *Échin. foss. Alg.*, fasc. VI, 66, t. 3, fig. 6-10 [1880]; Coquand *in Bull. Acad. Hippone*, XV, 269 [1880].

Deux exemplaires en assez médiocre état de conservation, recueillis par M. Thomas, nous paraissent reproduire exactement le type de l'*H. consobrinus*. La forme est épaisse, assez allongée, peu creusée en avant par le sillon ambulacraire, tronquée obliquement en arrière. Le sillon antérieur est peu élargi; les sillons des ambulacres pairs sont droits et bien définis; le péristome est labié et à fleur de test.

Djebel Meghila, Foum-el-Guelta (zone moyenne).

Hemiaster oblique-truncatus Peron et Gauthier *in* Cotteau, Peron et Gauthier *Échin. foss. Alg.*, fasc. VI, 60, t. 2, fig. 5-9 [1880].

Des exemplaires recueillis par M. Thomas, tout en reproduisant exactement les différents caractères de l'*H. oblique-truncatus*, offrent la particularité d'être un peu moins allongés que notre type algérien. Il en résulte qu'ils sont très voisins de l'*H. africanus* Coquand, dont ils ne diffèrent plus que par l'obliquité plus prononcée de la face postérieure. Ils paraissent ainsi servir d'intermédiaire entre les deux espèces. Ils sont d'ailleurs de petite taille; la plupart n'ont pas atteint tout leur· développement, et ce sont justement les plus jeunes qui rappellent le mieux l'*H. africanus.* D'autres exemplaires, de taille plus développée, ont été rencontrés au Bir Tamarouzit; on ne saurait les distinguer des grands individus des environs de Batna.

Sidi-bou-Ghanem; Bir Tamarouzit. — Turonien supérieur ou Santonien. — Khanguet-el-Oguef. — Turonien.

Hemiaster africanus Coquand *in Mém. Soc. émul. Provence*, II, 247, t. 25, fig. 10-12 [1862]; Cotteau, Peron et Gauthier *Échin. foss. Alg.*, fasc. vi, 58 [1880].

Deux exemplaires de petite taille, très voisins de ceux de Sidi-bou-Ghanem, que nous venons de signaler, mais tronqués moins obliquement à la partie postérieure, rappellent complètement le type de l'*H. africanus.* Leur appareil large et court, leur sillon évasé, leurs ambulacres pairs antérieurs très divergents et plus larges que les postérieurs, leur péristome petit et éloigné du bord, ne laissent aucun doute sur le rapprochement que nous faisons.

Bir Tamarouzit. — Turonien supérieur ou Santonien? — D'autres exemplaires ont été rencontrés au Khanguet-el-Oguef. — Turonien.

Hemiaster latigrunda Peron et Gauthier *in* Cotteau, Peron et Gauthier *Échin. foss. Alg.*, fasc. vi, 69, t. 5, fig. 1-5 [1880]; Coquand *in Bull. Acad. Hippone*, XV, 269 [1880]; *H. Fourneli* var. *refanensis* Coquand *ibid.*, 257.

Espèce bien caractérisée par ses larges ambulacres très creusés, par son pourtour polygonal, son appareil apical très développé en largeur. Les exemplaires de Tunisie sont bien conformes à notre type algérien, et l'assimilation n'est pas douteuse. Mais ils ne nous apportent aucun renseignement définitif sur le véritable niveau stratigraphique de cette espèce. Quand nous l'avons décrite pour la première fois, nous l'avons comprise dans notre sixième fascicule, c'est-à-dire dans l'étage turonien; et en effet elle nous a bien paru appartenir à cet horizon dans les environs de Laghouat. Nous pensions qu'il en était de même à Tebessa, suivant en cela l'indication de Coquand, qui avait parcouru le pays, et qui l'indiquait sous le nom de *Periaster Fourneli* dans la longue liste de ses fossiles mornasiens [1]. Or, à cette époque, il regardait son Mornasien comme l'équivalent des grès d'Uchaux, ce qui n'est pas exact, comme l'a démontré depuis M. Hébert; il en faisait en même temps l'avant-dernière subdivision du Turonien, qu'il terminait, comme d'Orbigny, par le Provencien. En 1880, Coquand, en citant notre espèce, dans le *Bulletin de l'Académie d'Hippone*, déclare que son *Periaster Fourneli* est une espèce « essentiellement santonienne » et il ajoute qu'il n'a pas eu l'occasion de le recueillir dans l'étage *ligérien* des environs de Tebessa. Nous n'avons jamais parlé de Ligérien; nous avons cité l'espèce dans le Mornasien, à Tebessa, d'après

---

[1] *Géol. de la prov. de Constantine*, 54 [1862].

Coquand, et c'est lui qui nous accuse d'erreur. C'est sans doute une distraction de cet auteur; et c'en est probablement une autre qui, en 1880, lui fait citer notre sixième fascicule et le nom spécifique de *latigrunda*, et déclarer en même temps qu'il n'a sous les yeux ni la description, ni les figures de cette espèce. — Depuis, l'un des plus zélés explorateurs de l'Afrique septentrionale, M. Le Mesle, a visité Tebessa, où l'*H. latigrunda* est très abondant, et il en a recueilli une grande quantité d'admirables exemplaires. Mais l'horizon géologique ne lui a point paru facile à établir; et, tout en penchant à regarder ces couches comme santoniennes, il n'osait pas affirmer qu'elles fussent sans rapport avec le Turonien. La faune recueillie avec ce même *Hemiaster* en Tunisie ne nous éclaire pas mieux. Nous trouvons dans les Échinides provenant des mêmes couches des espèces santoniennes, comme *H. Fourneli*, *Echinob. Julieni*, et des espèces turoniennes, comme *H. africanus*, *H. oblique-truncatus*. Nous ne pouvons donc pas encore donner une solution définitive au problème.

Sidi-bou-Ghanem. – Turonien supérieur? Santonien?

Hemiaster Fourneli Deshayes *in* Agassiz et Desor *Catal. raisonné*, 123 [1848]; Bayle *in* Fournel *Richesse minéralog. de l'Alg.*, 374, t. 18, fig. 37-39 [1849]; d'Orbigny (*pars*), *Paléont. fr. ter. crét.*, VI, 234 (excl. t. 877) [1854]; Ville *Not. minéralog.*, 143 [1857]; *Periaster Fourneli* Desor *Synopsis*, 383, t. 42, fig. 5 [1858]; Coquand *in Mém. Soc. émul. Provence*, 259, t. 26, fig. 12-14 (excl. 15 et 16) [1862]; *Hem. Fourneli* Peron *Bull. Soc. géol.*, 2ᵉ série, XXIII, 704 [1866]; *Per. Fourneli* Brossard *Subd. de Sétif*, 237 et 242 [1867]; *Hem. Fourneli* Hardouin *Bull. Soc. géol.*, 2ᵉ série, XXV, 340 [1068]; Ville *Bassin du Hodna*, 96 [1868]; Lartet *Paléont. Palestine*, t. 13, fig. 8-10 [1869]; Peron *Bull. Soc. géol.*, XXVII, 599 [1870]; Nicaise *Cat. an. foss. Alg.*, 70 [1870]; Ville *Explor. du Mzab*, 179 [1872]; *Micraster Fourneli* Quenstedt *Die Echiniden*, 662, t. 88, fig. 36 [1879]; *Hem. Fourneli* Coquand *in Bull. Acad. Hippone*, 252 [1880]; Cotteau, Peron et Gauthier *Échin. foss. Alg.*, VII, 58, [1881].

L'*H. Fourneli* se rencontre en plusieurs localités de la Tunisie, ce qui n'a rien d'étonnant, vu l'abondance avec laquelle cette espèce s'est multipliée en Algérie. Nous ne croyons pas nécessaire d'en donner de nouveau une description détaillée. Le type tunisien ne s'écarte pas du type algérien; il nous paraît même plus uniforme, moins sujet à variations, peut-être parce que nous l'avons en nombre moins considérable entre les mains. Les individus qu'a rapportés M. Thomas, sauf d'assez rares exceptions, n'atteignent guère la grande taille qu'on rencontre assez souvent à Medjès et aux Tamarins. Ils sont de dimension moyenne; la forme est plus longue que large, rétrécie et tronquée en arrière; le sillon antérieur est large et profond et entame fortement l'ambitus. L'appareil est étendu en largeur; comme toujours le corps madréporiforme est plus ou moins développé selon l'âge de l'individu; presque constamment il disjoint les plaques génitales postérieures; nous avons aussi un sujet du Khanguet Safsaf sur lequel il disjoint même les ocellaires, ce qui arrive également pour certains exemplaires d'Algérie, mais d'une taille or-

Échinides. 2

dinairement plus considérable, celui dont nous parlons n'ayant que 39 millimètres de longueur.

Les ambulacres pairs sont larges et longs, logés dans des sillons assez profonds, les antérieurs bien développés, divergents, les postérieurs un peu plus courts, moins écartés, assez rapprochés même, offrant comme les autres des pores linéaires conjugués par un sillon, tous semblables, et des zones porifères égales. — Le péristome, bien labié, est au quart antérieur. Le périprocte occupe, à la partie postérieure, le sommet d'une aréa un peu oblique et parfaitement définie. — C'est peut-être du type de Djelfa et des Tamarins que se rapprochent le plus la majorité des exemplaires tunisiens. Toutefois l'*H. Fourneli* est si sujet à variation dans les localités où il est abondant, qu'il n'est pas difficile de trouver également à Medjès des individus tout à fait conformes. Nous ne parlons ici que du type santonien.

Dans nos *Échinides de l'Algérie*, nous avons signalé dans le Campanien [1] une variété de taille toujours plus petite, très variable de forme, tantôt plus renflée, tantôt plus allongée, présentant dans les dimensions de ses ambulacres la même inconstance que dans sa forme; nous n'avons pas cru devoir séparer spécifiquement cette variété du type santonien, ce qui pourtant eût été facile; mais nous avons toujours été plus frappé, dans la transformation des espèces, des rapports que des différences, et nous préférons une synthèse assez large à la multiplicité des divisions spécifiques. Ce même type se retrouve en Tunisie, et le Campanien du Biroum-el-Djaf nous a donné un exemplaire complètement semblable à ceux du Campanien de Medjès et d'El-Kantara.

Khanguet Mazouna; Khanguet Safsaf; Djebel Bou-Driès (Nord); Djebel Dernaïa (Nord); Sidi-bou-Ghanem; Khanguet Tefel. – Santonien. — Bir Oum-el-Djaf. – Campanien. — Bir Magueur, Foum Tamesmida, Chebika. – Dordonien.

Hemiaster cf. **bibansensis** Peron et Gauthier *in* Cotteau, Peron et Gauthier, *Échin. foss. Alg.*, fasc. VII, 68, t. 3, fig. 6 et 7 [1881].

Un exemplaire recueilli par M. Thomas au Djebel Bou-Driès nous paraît se rapprocher beaucoup de l'*H. bibansensis*. Toutefois, comme il n'en a été recueilli qu'un seul, et qu'il présente quelques différences légères, nous n'osons pas affirmer catégoriquement qu'il doive être rattaché à cette espèce. Il a le sommet excentrique en avant, la forme, la largeur assez restreinte du type auquel nous le comparons; mais à côté de ces rapports, la partie postérieure est un peu plus renflée, les sillons des ambulacres sont un peu plus larges, et les ambulacres postérieurs sont égaux aux antérieurs, au lieu d'être plus longs. Cet exemplaire s'éloigne certainement beaucoup plus de l'*H. Fourneli*, qu'on rencontre aussi dans la même localité; il rappelle encore l'*H. asperatus*, dont il a assez bien la physionomie. Ce dernier a

[1] Fasc. VIII, 132.

les ambulacres plus étroits, et il est orné, à la partie antérieure, de gros tubercules qui manquent sur notre sujet de Tunisie. Nous ne serons bien fixé que si l'on parvient à en recueillir un plus grand nombre.

Djebel Bou-Driès, versant nord. – Santonien.

Hemiaster Rollandi Thomas et Gauthier, t. 1, fig. 14-16.

DIMENSIONS.

Longueur	Largeur	Hauteur
Longueur...... 18 millim.	Largeur........ 18 millim.	Hauteur........ 15 millim.
— 21	— 20	— 16
— 29	— 28	— 20
— 32	— 30	— 23
— 35	— 34	— 24

Espèce de taille moyenne, plus longue que large, assez renflée, surtout à la partie postérieure, déclive d'arrière en avant, à peine sinueuse au bord antérieur, tronquée en arrière. Bord épais, face inférieure renflée. Le point culminant est un peu en arrière de l'apex, qui est très excentrique en arrière. — Appareil bien développé pour le genre. Le corps madréporiforme disjoint les plaques génitales postérieures et atteint les plaques ocellaires dans les exemplaires de grande taille, mais non dans les jeunes. — Ambulacre antérieur logé dans un sillon long et nettement creusé à la face supérieure, oblitéré presque complètement à l'ambitus. Zones porifères très étroites et assez longues, pores petits, ronds, obliques, séparés par un granule. L'espace interzonaire est assez large et couvert d'une fine granulation. — Ambulacres pairs très inégaux, les antérieurs presque deux fois longs comme les postérieurs, logés dans des sillons médiocrement élargis, assez profonds et bien limités. Zones porifères assez larges, formées de paires serrées de pores égaux, linéaires, conjugués par un sillon. Un petit bourrelet, couvert d'une ligne de granules très délicats, sépare les paires. Celles-ci sont au nombre de 45 dans les ambulacres antérieurs et de 27 dans les postérieurs; l'espace interzonaire est à peu près aussi large qu'une des zones. — Le fasciole péripétale, bien marqué, forme un pli peu accentué en arrière des ambulacres pairs antérieurs, et passe, en avant, assez près du bord. — Péristome situé au quart antérieur, labié en arrière. — Périprocte ovale, au sommet de la troncature postérieure, dans une aréa déprimée, causant un faible sinus au bord inférieur, entourée de protubérances peu marquées.

RAPPORTS ET DIFFÉRENCES. L'*H. Rollandi* se rapproche, par l'ensemble de ses caractères, de l'*H. Fourneli;* il s'en distingue par son sommet, plus excentrique en arrière, par ses ambulacres postérieurs plus courts, par son sillon antérieur causant un sinus moins profond à l'ambitus. L'excentricité de son appareil le rapproche aussi de l'*H. Brahim* Peron et Gauthier, qu'on rencontre en Algérie à un niveau un peu plus élevé. Il est plus rectangulaire, plus épais, son sillon antérieur

2 .

est beaucoup moins profond, surtout en dehors du fasciole; ses ambulacres postérieurs sont plus courts. Comparé avec l'*H. Krenchelensis* Peron et Gauthier, dont
l'apex a la même position, il s'en distingue, à taille égale, par son pourtour
moins anguleux, par sa partie supérieure plus régulièrement convexe, par ses ambulacres pairs antérieurs un peu plus divergents, par son péristome plus éloigné
du bord. Un exemplaire du Khanguet Tefel a l'apex plus excentrique encore que
les autres.

Sidi-bou-Ghanem; Djebel Bou-Driès; Khanguet Tefel. — Santonien.

Le type est au Muséum de Paris.

Hemiaster enormis Thomas et Gauthier, t. 1, fig. 12-13.

DIMENSIONS APPROXIMATIVES.

| Longueur..... | 90 millim. | Largeur........ | 90 millim. |
| — ..... | 102 | | |

L'espèce que nous allons décrire ne nous est connue que par trois fragments,
tous considérables, mais déformés, ce qui ne nous permettra pas de donner exactement tous les détails.

Test mince. Espèce de très grande taille, paraissant aussi large que
longue, assez renflée, quoiqu'il ne nous soit pas possible d'évaluer la
hauteur, à pourtour anguleux avec angles très mousses et presque arrondis, fortement échancrée en avant par le sillon ambulacraire, tronquée et
sinueuse en arrière; bord renflé. Apex à peu près central? — L'appareil
apical nous est inconnu. — Ambulacre impair logé dans un sillon large
et évasé, peu profond près du sommet, se creusant beaucoup plus à l'ambitus. Zones porifères étroites, formées de pores très petits, presque ronds,
obliques réciproquement dans chaque paire et séparés par un granule;
les paires sont médiocrement serrées. L'espace interporifère, large de
5 millimètres, est granuleux et bordé, de chaque côté, d'une rangée de
petits tubercules. — Ambulacres pairs inégaux, les postérieurs étant plus
courts, tous longs et larges, logés dans des sillons bien définis, d'une profondeur moyenne. Ceux de notre plus grand exemplaire mesurent : les antérieurs, 55 millimètres de longueur; les postérieurs, 46; ceux de notre
exemplaire moyen, 52 et 43. Zones porifères larges de 4 millimètres, formées de paires de pores allongés, linéaires, égaux, conjugués par un sillon.
Les paires sont séparées par un long et étroit bourrelet, portant une
simple rangée de petits granules. Il y a environ 65 paires de pores dans
chaque zone de l'ambulacre postérieur de notre exemplaire moyen, le seul
où nous puissions les compter. Espace interzonaire relativement peu développé, moins large qu'une des zones, couvert d'une fine granulation.
Fasciole péripétale assez étroit, passant à l'extrémité des pétales, formant
deux plis anguleux en arrière des ambulacres antérieurs, puis traversant

l'interambulacre latéral, comme dans toutes les espèces du genre, sans suivre de près la direction des pétales. Il dessine un sinus dans l'interambulacre postérieur. — Péristome peu éloigné du bord, à 15 millimètres environ; il n'est bien conservé sur aucun de nos exemplaires; un seul nous montre la lèvre postérieure qui nous paraît parfaitement conforme à celle de tous les *Hemiaster*. — Périprocte assez grand, placé au sommet d'une aréa médiocrement élevée, bordée de légères protubérances, et dont la dépression occasionne un faible sinus au bord inférieur. — Tubercules petits, assez serrés, recouvrant en dessus toutes les aires interambulacraires, où ils sont enveloppés dans une granulation fine et homogène; à la face inférieure, ils sont un peu plus développés dans le voisinage du péristome.

RAPPORTS ET DIFFÉRENCES. La taille extraordinaire et anormale de notre nouvelle espèce suffirait pour la distinguer de tous ses congénères; on peut cependant la comparer à une espèce algérienne, l'*H. superbissimus* Coquand, que nous avons figurée ailleurs [1], et que nous regardions alors comme une des plus grandes du genre. L'*H. enormis* présente des rapports étroits avec cette espèce par sa physionomie générale, le grand développement de ses ambulacres; mais il est facile d'établir des différences importantes : ses tubercules sont un peu plus serrés et plus fins; dans les ambulacres pairs, la zone interporifère est manifestement moins large, les pétales descendent plus près du bord, et le périprocte semble avoir été placé plus bas. Bien que nous ne connaissions pas la forme exacte de l'*H. enormis*, il est évident pour nous que les deux espèces ne peuvent pas se confondre. Ce n'est pas sans un certain étonnement que nous nous sommes trouvé en présence de sujets si développés; mais malgré leur taille, l'examen le plus attentif ne nous a rien révélé dans leur constitution qui s'éloigne des caractères du genre auquel nous les rapportons; le peu d'épaisseur du test, la nature bien significative de la granulation, les détails des ambulacres, conformes à ceux de toutes les grandes espèces algériennes, la direction du fasciole, tout est parfaitement normal et concourt à rattacher incontestablement ces grands individus au genre *Hemiaster*. L'appareil apical, il est vrai, ne nous est pas connu, mais il nous est facile de le rétablir par induction : il est probablement semblable à celui de l'*H. superbissimus* ou de l'*H. Fourneli*, dont nous avons des exemplaires qui atteignent 60 et 70 millimètres en longueur. Le madréporide est très développé et écarte les plaques génitales postérieures. Nous avons déjà démontré par un grand nombre d'exemples que ce développement ne prouve rien; qu'on le trouve à tous les degrés dans la même espèce, que parfois même la plaque criblée écarte les plaques ocellaires postérieures, sans qu'on puisse attribuer à ce fait ni une valeur générique, ni même une valeur spécifique, à l'époque crétacée. La disposition de l'appareil, invisible dans nos trois exemplaires écrasés, ne peut donc pas faire obstacle à leur maintien dans le genre *Hemiaster*. D'un autre côté, en y réfléchissant bien, cette grande taille

---

[1] *Échin. foss. de l'Algérie*, fasc. VIII, t. 11, fig. 1.

n'est pas sans analogie avec ce que nous connaissons de quelques genres voisins, du genre *Epiaster* par exemple. N'y voyons-nous pas, à côté d'individus de très petite taille, des espèces de dimensions considérables, comme l'*Ep. Villei*, qui atteint à peu près la taille de notre *Hemiaster*, et que nous citons de préférence parce que sa place dans le genre *Epiaster* ne peut pas être contestée. Ce qui fait que nous nous étonnons de voir dans le genre *Hemiaster* une taille si développée, c'est que les premières espèces connues étaient de petite dimension; mais cela n'est qu'un effet du hasard; si au lieu des petites espèces de l'Albien et du Cénomanien des gisements français, les premiers auteurs avaient eu entre les mains les grandes espèces de l'Algérie, et avaient établi sur elles le type générique, des individus tels que ceux que nous venons de décrire ne nous surprendraient nullement, et ne nous paraîtraient offrir qu'un heureux développement spécifique.

Khanguet Mazouna, dans les mêmes couches que le *Plesiaster Peini* et l'*Echino-conus mazunensis*, où les débris en sont assez abondants. — Santonien.

Le type est au Muséum de Paris.

Hemiaster asperatus Peron et Gauthier *in* Cotteau, Peron et Gauthier *Échin. foss. Alg.*, fasc. vii, 66, t. 1, fig. 4–7 [1881].

Espèce de taille relativement peu développée, assez renflée, à sommet apical un peu excentrique en avant, à pourtour cordiforme assez sensiblement échancré par le sillon antérieur. — Pétales ambulacraires pairs longs et médiocrement élargis, les antérieurs bien divergents, les postérieurs plus confluents et un peu plus courts. Des tubercules assez développés se remarquent surtout dans les interambulacres antérieurs et en avant du péristome. Le fasciole péripétale, peu flexueux, passe en avant près du bord.

En Tunisie comme aux Tamarins les exemplaires de petite taille sont les plus abondants.

Djebel Goubel et Khanguet Tefel. — Santonien.

Hemiaster Auberti Thomas et Gauthier, t. 1, fig. 17–18.

DIMENSIONS.

Longueur	Largeur	Hauteur
23 millim.	22 millim.	19 millim.
— 30	— 28	— 25

Espèce très renflée, épaisse au pourtour, presque aussi large que longue, un peu rétrécie en arrière, à bord antérieur entier. Apex à peu près central. — Ambulacres très courts, logés dans des sillons assez profonds. L'impair est muni de petits pores ronds, obliques, séparés par un granule; le sillon, bien marqué à la partie supérieure, s'efface complètement avant d'atteindre le pourtour. Les pétales pairs antérieurs montrent des pores allongés, linéaires, des zones porifères égales; les paires sont séparées par une petite cloison portant une ligne de granules; la suture des plaquettes est marquée d'une légère incision, et l'espace interzonaire est très étroit. Les pétales postérieurs sont très courts, peu divergents, avec pores disposés comme dans les pétales antérieurs. — Péristome assez éloigné du bord, au tiers de la longueur totale, petit, semi-lunaire, faiblement labié, à fleur de test. — Périprocte placé très haut, au sommet de la face postérieure. — Fasciole péripétale large, peu sinueux, passant, en avant, très loin du bord. — La granulation du test est assez marquée sur toute la face supérieure; elle est moins dense à la face inférieure, où se trouvent quelques tubercules plus développés.

RAPPORTS ET DIFFÉRENCES. Cette espèce est représentée dans les récoltes de M. Thomas par quatre exemplaires en assez mauvais état. Nous en avons vu un meilleur à l'École des mines de Paris, recueilli par M. Aubert. Ils présentent tous une très grande analogie avec quelques individus de grande taille de l'*H. nasutulus* Sorignet, qu'on rencontre dans le sud-ouest de la France, et principalement à Royan. C'est la même forme, la même épaisseur considérable de l'ensemble, la même disposition du péristome, les mêmes tubercules. On serait facilement porté à les réunir. Cependant on n'a pas rencontré jusqu'ici en Tunisie la forme commune de petite taille, de beaucoup la plus abondante en France et la seule connue dans la plupart des localités. La forme tunisienne ne correspond qu'à quelques exemplaires exceptionnels; les pores des ambulacres pairs sont aussi un peu plus allongés, ce qui peut n'être que le résultat du plus grand développement des individus; la forme boursouflée paraît constante, même à une taille peu considérable (23 millimètres). Tel qu'il se présente à nous, ce type, s'il a réellement une communauté d'origine avec celui auquel nous le comparons, ne s'est pas développé en Tunisie de la même manière qu'en France; et il nous semble dès lors qu'il ne saurait être entièrement assimilé à l'espèce de Royan.

Bir Oum-el-Djaf et Chebika. – Sénonien supérieur.

Le type est au Muséum de Paris.

RÉSUMÉ SUR LE GENRE HEMIASTER.

Le genre *Hemiaster* a donné, dans ce travail, 15 espèces.

Cinq proviennent de l'étage cénomanien, et ont été rencontrées antérieurement en Algérie; ce sont : *H. Heberti, batnensis, Meslei, Chauveneti, pseudo-Fourneli.*

Trois appartiennent aux couches intermédiaires entre le Cénomanien et le Sénonien; elles existent également en Algérie : *H. consobrinus, africanus, oblique-truncatus,* auxquels il faut peut-être ajouter *H. latigrunda,* qui remonte sans doute dans le Santonien.

Enfin, six espèces sont franchement sénoniennes; trois sont déjà connues : *H. Fourneli, bibansensis, asperatus.*

Trois sont nouvelles : *H. Rollandi, enormis, Auberti.*

Aucune de ces espèces n'a été rencontrée en Europe, sauf l'*H. Heberti* dont la présence a été constatée dans l'Italie méridionale.

Periaster minor Thomas et Gauthier, t. 1, fig. 19-20.

DIMENSIONS.

Longueur	20 millim.	Largeur	18 millim.	Hauteur	14 millim.
—	23	—	21	—	17

Espèce de petite taille, assez renflée, à sommet subcentral, à face postérieure tronquée et légèrement oblique. — Appareil d'*Hemiaster* avec les plaques génitales postérieures séparées par le madréporide. — Ambulacre impair logé dans un sillon étroit et bien déterminé, moins profond près du bord. Zones porifères assez développées relativement; pores virgulaires, obliques réciproquement, séparés par un granule apparent. L'espace interzonaire est couvert d'une granulation serrée et peu homogène. — Pétales ambulacraires pairs antérieurs longs et très divergents, logés dans des sillons assez profonds et bien limités. Pores linéaires, égaux, allongés; l'espace interzonaire aussi large que l'une des zones. Pétales postérieurs un peu moins longs que les antérieurs, assez divergents sans l'être autant. — Péristome petit, assez éloigné du bord, au tiers de la longueur. — Périprocte ovale, médiocre, situé au sommet de l'aréa postérieure, qui est oblique. — Fasciole péripétale peu sinueux; fasciole latéro-sous-anal très étroit, non douteux, mais visible seulement sur les exemplaires bien conservés, qui sont rares. — La face supérieure porte des tubercules assez gros, répandus partout, nombreux surtout dans le voisinage du sillon antérieur; ils augmentent encore de volume à la face inférieure, autour du péristome.

RAPPORTS ET DIFFÉRENCES. Le *P. minor* se rapproche assez des exemplaires moyens du *P. Verneuili* Munier Chalmas; il ne nous paraît pas atteindre une taille aussi développée. Il s'en distingue facilement par sa partie supérieure moins anguleuse, par son aréa postérieure moins plate, par ses tubercules plus développés, par sa forme plus épaisse et se relevant plus vite en avant. Les deux espèces ne sauraient se confondre; elles n'appartiennent pas d'ailleurs au même horizon géologique.

El-Aïeïcha. – Cénomanien.

Le type est au Muséum de Paris.

Periaster Fischeri Thomas et Gauthier, t. 4, fig. 32-33.

DIMENSIONS.

Longueur	19 millim.	Largeur	19 millim.	Hauteur	14 millim.
—	25	—	24	—	15
—	36	—	34	—	23
—	37	—	34	—	25

Espèce de taille moyenne, subcordiforme, ayant sa plus grande largeur au tiers antérieur, large en avant avec un fort sinus au passage du sillon, rétrécie et tronquée carrément en arrière, convexe en dessus, renflée en dessous; la face postérieure est oblique, et l'apex un peu excentrique en avant, 17/36. — Appareil apical médiocrement développé; les pores génitaux postérieurs sont un peu plus écartés que les autres; le madréporide s'étend jusqu'aux plaques ocellaires postérieures. — Ambulacre impair logé dans un sillon bien marqué dès le sommet, large de 4 millimètres, s'évasant davantage au pourtour. Zones porifères assez longues, formées de paires assez rapprochées, à pores obliques séparés par un granule. L'espace interzonaire est nettement granuleux, avec quelques petits tubercules à la partie inférieure, aux approches du fasciole péripétale. — Ambulacres pairs longs, les antérieurs allant presque jusqu'au bord, où ils sont légèrement infléchis en arrière; les postérieurs sont un peu plus courts, mais bien développés, et ils forment entre eux un angle de 51 degrés. Zones porifères égales, composées de pores égaux, allongés, linéaires, chaque paire étant séparée de sa voisine par une cloison granuleuse. L'espace interzonaire égale à peu près en largeur une des zones. Les sillons ambulacraires sont médiocrement élargis et assez profonds. — Péristome petit, réniforme, labié médiocrement, placé dans une légère dépression que forme l'extrémité des avenues ambulacraires; il est situé au quart antérieur. — Périprocte de grandeur moyenne, ovale verticalement, placé au sommet d'une aréa oblique, légèrement déprimée, entourée de nodosités, et qui occupe à peu près toute la face postérieure. — Fasciole péripétale large et bien marqué, passant, en avant, près du bord. Fasciole latéro-sous-anal un peu plus étroit; il reste très rapproché du péripétale, et ne s'en éloigne rapidement qu'à partir de l'extrémité des pétales postérieurs.

Un de nos exemplaires, des mieux conservés, recueilli dans la même localité que les quinze autres individus que nous avons pu étudier, présente des variations assez sensibles, mais qui ne nous paraissent pas suffisantes pour motiver une séparation spécifique. L'apex est plus excentrique en avant, aux 16/37, et, par suite, les ambulacres postérieurs se sont allongés et sont presque aussi longs que les antérieurs. Le péristome est aussi plus petit. Mais ce ne sont là que des accidents individuels, car tous les autres détails restent conformes au type, qui présente une grande uniformité dans les exemplaires.

RAPPORTS ET DIFFÉRENCES. L'espèce la plus voisine, dans le même genre, est certainement le *P. Charmesi*, que nous allons décrire; les deux types ont de grandes convenances, mais il ne nous a point paru possible de les réunir. Le *P. Fischeri* est de taille sensiblement plus petite; il est relativement plus élargi en avant; ses pétales ambulacraires descendent plus près du bord; son sommet est plus excentrique en avant; enfin le fasciole latéro-sous-anal ne se comporte pas de la même manière : il reste plus longtemps rapproché du fasciole péripétale, tandis que dans l'autre espèce il est plus grêle et s'écarte tout de suite davantage. Pour la

physionomie générale, le *P. Fischeri* se rapproche encore plus de l'*H. Heberti*,
qu'on trouve dans les mêmes couches. Il s'en éloigne, d'abord par la présence d'un
second fasciole, puis par ses ambulacres pairs antérieurs un peu plus courts, et
surtout par son sillon impair toujours plus étroit.

Nous sommes heureux de dédier cette intéressante espèce à M. Paul Fischer, le
savant naturaliste du Muséum de Paris.

Djebel Meghila, partie supérieure, zone moyenne; Foum-el-Guelta, avec les *H.
batnensis* et *Heberti*. – Cénomanien.

Le type est au Muséum de Paris.

Periaster Charmesi Thomas et Gauthier, t. 1, fig. 21-23.

DIMENSIONS.

Longueur		Largeur		Hauteur	
Longueur	37 millim.	Largeur	34 millim.	Hauteur	25 millim.
—	44	—	41	—	30

Espèce d'assez grande taille, cordiforme, renflée, ayant son point culminant à l'apex, élargie au tiers antérieur, anguleuse et fortement échancrée en avant, rétrécie et nettement tronquée en arrière. Bord épais et
arrondi; face inférieure bombée, sauf une légère dépression en avant du
péristome. Apex à peu près central. — Appareil apical assez développé,
portant quatre pores génitaux disposés en forme de trapèze court et large.
Les plaques ocellaires du trivium sont placées dans les angles et de petite
dimension; les deux postérieures sont au contraire très développées et se
rejoignent par une pointe aiguë, enfermant ainsi le corps madréporiforme
qui occupe le centre de l'appareil et disjoint fortement les plaques génitales postérieures. — Ambulacre impair logé dans un sillon également
large dans toute son étendue, sauf à l'ambitus où il est plus évasé et
échancre fortement le bord. Pores petits, virgulaires, séparés par un granule, disposés par paires serrées jusqu'au milieu du sillon, plus distantes
ensuite et peu visibles au pourtour. Espace interzonaire large et finement
granuleux. Pétales pairs longs, larges, logés dans des sillons profonds et
bien définis. Zones porifères égales, composées de pores égaux, linéaires,
allongés, acuminés à la partie interne, conjugués par un sillon. Les paires
sont séparées par un bourrelet granuleux. Nous en comptons 55 dans
chaque zone des ambulacres antérieurs; l'espace interzonaire est aussi
large que l'une d'elles. Pétales postérieurs un peu plus courts que les antérieurs, comptant 42 paires de pores : ils forment entre eux un angle de
45 degrés. — Aires interambulacraires anguleuses, la postérieure assez
fortement carénée, en pente médiocrement déclive vers l'arrière; les laté-
rales descendent rapidement en forme de toit. Elles portent les tubercules
ordinaires au genre, nombreux et assez développés, au milieu d'une granulation fine et serrée. — Péristome peu éloigné du bord antérieur, aux

10/44, semi-lunaire, fortement labié en arrière. — Périprocte ovale, allongé, aux deux tiers de la hauteur totale, au sommet d'une aire elliptique, bordée de faibles nodosités, et qui occupe presque toute la face postérieure. — Le fasciole péripétale traverse le sillon antérieur près du bord, passe à l'extrémité des pétales pairs sans remonter beaucoup vers le sommet, et dessine un léger sinus rentrant entre les pétales postérieurs. Le fasciole latéro-sous-anal s'en détache assez bas, en arrière des pétales antérieurs, forme un léger sinus au-dessous des pétales postérieurs, puis un autre plus accentué au-dessous du périprocte. Sa largeur varie selon les exemplaires.

RAPPORTS ET DIFFÉRENCES. Le *P. Charmesi* est assez voisin du *Linthia Durandi* Peron et Gauthier, qui occupe en Algérie à peu près le même horizon. Il s'en distingue par sa forme un peu plus élevée, moins étalée, ayant sa plus grande largeur plus en avant, par ses pétales ambulacraires plus développés. La distinction spécifique n'est pas contestable. Quant à la distinction générique, elle a peu de valeur à nos yeux, le *Linthia Durandi* étant un *Periaster* quand il est de taille moyenne. Il se produit là, pour l'écartement des plaques ocellaires par le madréporide, le même fait que nous avons constaté ailleurs [1] pour les grands individus du genre *Hemiaster*.

Bir Tamarouzit; Djebel Bou-Driès, Djebel Sidi-bou-Ghanem. – Santonien.

Nous dédions cette belle espèce à M. Charmes, directeur des Missions scientifiques au Ministère de l'instruction publique.

Linthia Payeni Peron et Gauthier; *Hemiaster Payeni* Coquand *in* Brossard *Subd. de Sétif*, 242 [1867]; *Linthia Payeni* Cotteau, Peron et Gauthier *Échin. foss. Alg.*, fasc. VIII, 134, t. 12, fig. 3-8 [1882].

Cette espèce n'est représentée dans les récoltes de M. Thomas que par quelques exemplaires, de taille diverse, assez mal conservés. Ils sont cependant bien reconnaissables. Le sommet est excentrique en avant; l'appareil apical large, et, même dans les individus peu développés (22 millimètres), le corps madréporiforme se prolonge entre les plaques ocellaires postérieures et touche l'aire interambulacraire. La carène de l'interambulacre impair est très accentuée. Ambulacre impair logé dans un sillon large dès le sommet, échancrant sensiblement l'ambitus. Ambulacres pairs longs, divergents, à zones porifères égales et pores linéaires assez longs. Les postérieurs sont un peu plus courts et moins divergents que les antérieurs. Péristome peu éloigné du bord; périprocte ovale, au sommet de la troncature postérieure. Fasciole péripétale formant un sinus sensible en arrière des ambulacres antérieurs, à l'endroit d'où se détache le fasciole latéro-sous-anal.

---

[1] *Association française*, Congrès de Nancy, 406 (1886).

Chebika; Bir Oum-el-Djaf, entrée nord du Khanguet; Bir Magueur. – Campanien et Dordonien.

Le *Linthia Payeni* est assez abondant en Algérie, et il est probable que la
Tunisie fournira des exemplaires meilleurs que ceux que nous en connaissons.
M. Cotteau, en admettant la division de M. Pomel, qui sépare les *Periaster* des
Linthia parce que, dans ces derniers, le corps madréporiforme écarte et même
excède les plaques ocellaires postérieures, ajoute que « ce caractère est d'autant
plus important à constater que jusqu'ici toutes les espèces de *Periaster* sont cré-
tacées, tandis que les espèces du genre *Linthia* sont tertiaires ou appartiennent à
l'époque actuelle [1]. » Le *Linthia Payeni* est en désaccord avec cette affirmation, et
il n'est pas le seul; nous en connaissons une autre espèce, de petite taille, du Campanien d'El-Kantara, que nous espérons décrire plus tard. Il faut y ajouter le
L. Durandi, du Santonien, que nous avons figuré d'après un exemplaire trop
jeune, mais dont nous avons pu étudier depuis des exemplaires plus développés;
le *L. oblonga* (*Periaster* d'Orbigny) du Turonien, et deux ou trois espèces de ce
terrain encore inédites. On voit que les exceptions ne se trouvent pas seulement
dans les couches supérieures du crétacé. Nous n'en avons pas encore rencontré
dans le Cénomanien; mais la présence d'un vrai *Linthia* dans ce terrain ne nous
étonnerait pas, étant données les variations de l'appareil des *Hemiaster* recueillis
en Algérie.

Genre **PLESIASTER** Pomel (1883).

Plesiaster Cotteau *Paléont. franç.*, terr. éocène, I, 133 [1886].

La diagnose de ce genre, incomplètement donnée jusqu'ici, est bien
simple. Le *Plesiaster* est un *Micraster* des plus typiques; seulement il a
un fasciole péripétale, mal défini, mêlé de tubercules et incomplet. Ce
fasciole, visible surtout à l'extrémité des ambulacres, traverse parfois, sans
interruption dans les grands individus, l'aire interambulacraire impaire,
les interambulacres latéraux; mais pour les deux antérieurs, il n'atteint
même pas la suture médiane; et, à plus forte raison, il ne traverse pas le
sillon antérieur.

Nous avons le premier signalé la présence de ce fasciole péripétale en 1881,
dans la description que nous avons donnée du *M. Peini* Coquand [2]. En 1883,
M. Pomel, dans son *Genera*, a reproduit la même observation et a proposé avec
hésitation de faire de cette espèce le type d'un sous-genre « auquel on pourrait
consacrer le nom de *Plesiaster*». M. Cotteau, dans sa classification récente des
Brissidées, en fait un genre définitif. Nous le voulons bien; mais qu'il soit entendu
que le seul caractère distinctif de ce nouveau genre, le fasciole péripétale, incomplet dans les exemplaires où il est le plus développé, est moins prononcé dans
quelques autres, et manque parfois presque complètement. On en trouve d'ailleurs

---

[1] *Paléont. fr.*, Échinides, terr. éocène, I, 208.
[2] *Échin. foss. de l'Algérie*, fasc. VII, 56.

un rudiment sur presque tous les *Micraster* bien conservés. Aussi bien le cas est très remarquable; il nous fait toucher du doigt le début d'un second fasciole sur le genre *Micraster* qui en portait déjà un. Jusqu'ici nous n'avions constaté pour ce genre que les hésitations de son premier fasciole; et l'attention des échinologistes a été, dans ces derniers temps, fréquemment attirée par plusieurs de ses espèces qui tantôt sont munies d'un fasciole sous-anal, tantôt en sont complètement dépourvues. Avec les *Plesiaster*, nous nous trouvons derechef en présence d'un cas analogue, seulement ce cas est au deuxième degré. Ces faits ne sont point particuliers au seul genre *Micraster*. Le genre *Homœaster* Pomel pourrait bien être dû à une modification analogue, et nous avons signalé dans l'étage albien des *Epiaster* qui offraient, eux aussi, des rudiments de fasciole péripétale, trop incomplets pour qu'on pût les transporter dans un autre genre. Nous avons dans notre collection un exemplaire appartenant à une petite espèce très répandue et nettement définie, l'*Ep. meridanensis* Cotteau, qui montre un fasciole sous-anal presque complet. Ce sont là, évidemment, des cas de transformisme; et, à ce point de vue, l'étude de ces caractères indécis est des plus intéressantes.

Plesiaster Peini Pomel [1883], t. 2, fig. 3.

Micraster Peini Coquand *in Mém. Soc. émul. Provence*, 305, t. 27, fig. 1-3 [1862]; Cotteau, Peron et Gauthier *Échin. foss. Alg.*, fasc. vii, 55 [1881]; Gauthier *Le genre Micraster en Algérie, in Assoc. franç.* Blois, 243 [1884].

DIMENSIONS.

Longueur		Largeur		Hauteur	
......	27 millim.	......	25 millim.	......	21 millim.
—	41	—	42	—	30
—	52	—	54	—	39

Espèce d'assez grande taille, aussi et même plus large que longue, fortement renflée, beaucoup plus rapidement déclive en avant qu'en arrière; dessous convexe. Apex à peu près central. — Appareil apical semblable à celui des *Micraster*, c'est-à-dire que tantôt le corps madréporiforme écarte les plaques génitales postérieures et se met en contact avec une plaque ocellaire postérieure ou avec les deux, tantôt il est plus restreint et ne disjoint pas les plaques génitales. C'est ici le cas de notre plus grand exemplaire, tandis que les plaques génitales sont séparées dans d'autres plus petits. — Ambulacre impair logé dans un sillon évasé et peu profond. Les pores sont semblables à ceux des ambulacres pairs, c'est-à-dire allongés, horizontaux et conjugués; ils sont seulement un peu moins longs; les plaquettes qui les portent présentent une rangée de granules dans la partie porifère et deux dans l'interporifère; la suture médiane est bien marquée. — Les ambulacres pairs sont inégaux, les postérieurs étant un peu plus courts; mais tous sont longs et larges; les sillons sont très peu creusés, au point que le pétale paraît parfois presque superficiel. — Le fasciole péripétale est bien visible à l'extrémité des am-

bulacres pairs; il est moins net, parfois presque effacé, toujours mêlé de
tubercules dans les interambulacres latéraux; dans les antérieurs, il
s'arrête subitement avant d'atteindre la suture médiane. Le fasciole sous-
anal est bien marqué et enveloppe de chaque côté trois ou quatre paires
de pores.

Nous abrégeons cette description parce que nous l'avons déjà donnée dans les
Échinides de l'Algérie. Nous reviendrons seulement sur les rapports de l'espèce
africaine avec le *M. brevis* du midi de la France. Nous avons dit qu'ils étaient
fort étroits : nous ne possédions alors qu'un petit nombre d'exemplaires algériens.
Ceux qui proviennent de Tunisie, d'une très belle conservation, nous permettent
une comparaison plus complète. Elle est toute en faveur du rapprochement. Les
seules différences appréciables sont celles que nous avons indiquées : un peu plus
de largeur et de longueur dans les pétales ambulacraires, un périprocte généralement un peu moins bas dans l'espèce africaine. Mais ceux qui ont étudié la faune
échinitique de l'Algérie savent que c'est un caractère général, s'appliquant à tous
les Spatangoïdes, d'avoir des ambulacres plus développés que les similaires d'Europe. Cette considération atténue particulièrement l'importance du principal caractère distinctif entre les deux espèces; le périprocte, placé un peu plus bas dans le
M. brevis, est sujet aussi à quelques variations; les affinités sont donc très grandes.
Nous avons dit ailleurs qu'on rencontre le véritable *M. brevis* au Chettabah, près
de Constantine. Nous avons en effet reçu de cette localité, où se trouve aussi le *Pl.
Peini*, des individus à ambulacres non moins réduits que dans les sujets des Cor-
bières, à périprocte placé assez bas pour que le rapprochement paraisse plausible.
Néanmoins, comme ces exemplaires sont généralement mal conservés, nous n'avons
pas pu nous assurer, pour beaucoup, s'ils portaient le fasciole des *Plesiaster*. Si
l'on parvenait à constater que ces exemplaires à ambulacres moins développés
sont munis d'un rudiment de fasciole péripétale, nous ne saurions plus quelle distinction on pourrait établir entre les deux espèces, en dehors de ce fasciole incomplet et incertain. Nous avons examiné avec soin nos meilleurs exemplaires des Cor-
bières pour voir s'ils ne porteraient pas quelques traces de fasciole péripétale :
nous n'avons rien trouvé. Sur quelques-uns pourtant les granules s'alignent à
l'extrémité des ambulacres, surtout des postérieurs, avec assez de netteté pour
nous faire croire qu'il ne serait pas impossible qu'on trouvât sur d'autres de véritables traces de fasciole; et nous invitons ceux qui possèdent une riche collection
de ces localités à observer minutieusement leurs exemplaires.

Khanguet Mazouna. — Santonien.

Plesiaster Cotteaui Thomas et Gauthier, t. 2, fig. 1 et 2.

DIMENSIONS.

Longueur	Largeur	Hauteur
Longueur........ 42 millim.	Largeur......... 42 millim.	Hauteur........ 27 millim.
— 44	— 44	— 31

Espèce de taille moyenne, cordiforme, renflée, large en avant, rétrécie
et tronquée en arrière. Face supérieure, convexe, fortement déclive du
sommet au bord antérieur, à peine inclinée du sommet au bord postérieur.

Pourtour arrondi et épais; dessous bombé ou presque plan. Apex central ou légèrement excentrique en avant aux 5/11. — Appareil apical assez développé; le corps madréporiforme écarte les génitales postérieures et atteint tantôt une seule plaque ocellaire postérieure, tantôt les deux. — Ambulacre impair logé dans un sillon étroit, peu profond, entamant médiocrement l'ambitus, à peu près de même largeur et de même profondeur du sommet au bord. Zones porifères peu étendues, composées de pores petits, obliques, séparés par un fort granule. L'espace interzonaire montre des plaques granuleuses renflées, à sutures horizontales très distinctes, avec la suture médiane bien marquée dans toute sa longueur. — Ambulacres pairs logés dans des sillons assez larges et profonds, bien limités. Zones porifères formées de paires de pores peu développés, les externes à peine allongés, les internes à peu près ronds; ils sont conjugués par un sillon, et le bourrelet qui sépare les paires est très saillant, orné d'une rangée de granules qui se double sur le prolongement de la plaque dans la zone interporifère. Suture médiane très marquée. Les ambulacres antérieurs comptent 36 paires de pores, et sont plus longs que les postérieurs qui n'en comptent que 3o. — Le fasciole péripétale est très incertain; il ne se montre pas d'une manière continue, et n'est visible qu'à l'extrémité des ambulacres pairs, d'où il se prolonge un peu de chaque côté. Il n'y en a aucune trace à l'ambulacre impair. Le fasciole sous-anal est bien marqué et entoure le talon, enfermant quelques paires de pores de chaque côté, comme dans le genre *Micraster*. — Péristome peu éloigné du bord, ovale, fortement labié. — Périprocte au sommet de l'aire postérieure, qui est étroite et légèrement rentrante. — Tubercules petits, répandus sur toute la surface du test, plus gros aux approches du péristome.

RAPPORTS ET DIFFÉRENCES. Comparé au *Pl. Peini*, le *Pl. Cotteaui* s'en distingue très facilement par ses ambulacres pairs beaucoup moins larges et plus creusés, par ses pores moins allongés, par son ambulacre impair à pores ronds non conjugués et à zone interporifère plus granuleuse. Si on le rapproche des *Micraster* européens, c'est de certaines variétés du *M. cor testudinarium* qu'il est le moins éloigné; nous avons même dans notre collection des exemplaires de forme entièrement semblable et qui n'en diffèrent que par l'absence du fasciole péripétale rudimentaire.

Djebel Bou-Gafer, versant occidental. – Sénonien.

Le type est au Muséum de Paris.

Heterolampas Maresi Cotteau *Échin. nouv. ou peu connus*, 72 et 108, t. 10, fig. 7-11 [1862]; Brossard *Subdiv. de Sétif*, 247 [1867]; Coquand *in Bull. Acad. Hippone*, XV, 397 [1880]; Cotteau, Peron et Gauthier *Échin. foss. Alg.*, fasc. VIII, 151, t. 15, fig. 1-5 [1882]; Pomel *Genera*, 44 [1883].

Les exemplaires recueillis par M. Thomas ne présentent aucune différence avec ceux qu'on rencontre en Algérie. C'est bien la même forme renflée, la même disposition des ambulacres tous semblables, avec l'antérieur quelquefois un peu plus étroit que les autres, le même péristome transverse, labié et étoilé, la même granulation grossière, plus dense et plus développée à la face inférieure. L'identité spécifique ne laisse lieu à aucun doute.

On a longtemps hésité sur la place que devait occuper dans la méthode le genre *Heterolampas*. Les ambulacres, tous semblables, avaient engagé M. Cotteau à le rapprocher des Cassidulidées, tout en reconnaissant que bon nombre de ses caractères convenaient mieux aux Spatangidées. Il est bien certain que la forme du péristome, et, en général, toute la face inférieure rattachent les *Heterolampas* à cette dernière famille.

M. Pomel insiste, avec raison, sur la présence incontestable d'un plastron. Un dernier caractère, longtemps inaperçu, ne laisse plus aucun doute sur la place qu'il convient d'attribuer à cet Échinide : tous les exemplaires dont le test est bien net portent un fasciole péripétale. C'est à M. Lambert que revient le mérite de l'avoir observé le premier. Le genre *Heterolampas* appartient donc bien à la famille des Spatangoïdes.

Chebika. – Dordonien.

CASSIDULIDÉES.

Claviaster libycus Thomas et Gauthier, t. 5, fig. 33-36.

DIMENSIONS.

Hauteur.................... 14 millim.

Le genre *Claviaster* d'Orbigny, extrêmement rare, n'est encore connu qu'imparfaitement; aucun exemplaire n'a été trouvé entier. Celui que nous allons décrire n'échappe pas au sort commun; comme les quatre ou cinq qui sont connus, il ne montre que la partie supérieure de l'oursin.

Forme subconique, obtuse et arrondie au sommet, s'élargissant peu à peu en descendant vers la base, qui nous manque complètement. L'apex est au point culminant, mais un peu en arrière. — Appareil apical compact, les quatre plaques génitales se touchant entre elles, mais d'aspect assez allongé par suite d'un prolongement des plaques génitales postérieures, à l'extrémité desquelles sont placées les ocellaires. Le madréporide s'étend au milieu de l'appareil, et se continue jusqu'aux plaques ocellaires postérieures, qu'il disjoint sans les dépasser. Les ocellaires antérieures sont complètement externes, et placées dans les angles des plaques génitales. — Ambulacre impair entièrement superficiel, montrant de chaque côté une série simple et en ligne droite de très petites paires de pores, d'abord assez serrées, puis s'écartant davantage l'une de l'autre à mesure qu'elles s'éloignent du sommet. Les pores, microscopiques, sont ronds et disposés très obliquement au point qu'ils paraissent presque placés au-dessus l'un de l'autre dans chaque paire. — Pétales pairs an-

térieurs relativement très larges, superficiels ; leur longueur nous est inconnue ; quoique la partie conservée sur notre exemplaire atteigne 13 millimètres, ils commencent à peine à se rétrécir à l'endroit où le test est
cassé. Zones porifères étroites, formées de paires serrées de pores inégaux,
les internes étant ronds, les externes allongés et acuminés, mais courts.
Nous comptons 35 paires dans une série. La largeur totale de l'aire ambulacraire égale 4 millimètres, dont 2 1/2 pour l'espace interzonaire. —
Ambulacres postérieurs semblables aux antérieurs, mais moins larges, car
leur plus grande largeur n'excède pas 3 millimètres. Ils sont également
incomplets, et nous ne pouvons présumer jusqu'où ils se prolongeaient.
— Les aires interambulacraires sont plus étroites que les pétales ambulacraires dans la partie que nous possédons ; elles sont égales à l'espace
interzonaire. Mais il est bien visible qu'elles commencent à s'élargir avec
le test à l'endroit où celui-ci nous manque, et qu'elles devaient être plus
développées que les aires ambulacraires en se rapprochant de la base.

RAPPORTS ET DIFFÉRENCES. Le *Cl. libycus* se distingue facilement du *Cl. cornutus*
d'Orbigny. Bien que son développement soit moins considérable, et sa longueur
de moitié moindre (14/26), les pétales ambulacraires sont aussi larges ; les pores
sont très différents, puisque les externes sont allongés, tandis que la description
donnée par d'Orbigny et la figure grossie de la *Paléontologie* (t. 909, fig. 4) indiquent que les pores sont ronds et égaux. Il pourrait se faire, il est vrai, que ce
soit le résultat de la mauvaise conservation du test. L'ambulacre impair du *Cl. cornutus* montre dans chaque paire les deux pores régulièrement placés à côté l'un de
l'autre, tandis qu'ils sont très obliques dans le *Cl. libycus*, même près du sommet ; et les paires s'écartent bien plus vite, par suite du plus grand développement des plaques qui les portent. Enfin, dans l'appareil apical, les pores ocellaires
postérieurs sont plus éloignés des génitaux, dans notre espèce, ce qui donne à
l'ensemble une apparence plus allongée, sans que l'apex cesse d'être compact. Le
Cl. Beltremieuxi Cotteau porte des tubercules assez développés, qui font complètement défaut dans le *Cl. libycus* ; l'appareil apical est plus carré, les pores de l'ambulacre impair sont moins obliques : on ne saurait non plus confondre cette espèce
avec la nôtre.

Foum-el-Guelta, partie supérieure, dans le Djebel Meghila. — Cénomanien supérieur, peut-être Turonien.

Le seul exemplaire connu jusqu'à présent est au Muséum de Paris.

Archiacia palmata Thomas et Gauthier, t. 2, fig. 4-8.

DIMENSIONS.

Longueur	Largeur	Hauteur
Longueur......(?) millim.	Largeur........ 25 millim.	Hauteur........ 16 millim.
— ......(?)	— 24	— 14

La partie postérieure manque dans les deux exemplaires que nous avons
entre les mains.

Échinides.   3

Espèce à partie antérieure verticale, rétrécie en avant où le sillon ambulacraire entame fortement le pourtour, élargie au milieu. Face supérieure conique : le point culminant s'élève immédiatement au-dessus du bord antérieur; de là le test descend en pente assez rapide vers la partie postérieure. Dessous sensiblement concave, surtout aux environs du péristome. Apex au point culminant, presque verticalement au-dessus du bord antérieur. — Appareil apical peu développé, portant quatre plaques génitales, autour desquelles se groupent, dans les angles, les cinq pores ocellaires. Le corps madréporiforme pénètre entre les plaques génitales en forme de croix et écarte les ocellaires postérieures sans les dépasser. — Ambulacre impair différent des autres. Il est logé dans un sillon d'abord peu sensible près du sommet, puis se creusant assez vite et laissant une profonde échancrure à la partie marginale. L'aire ambulacraire est un peu moins large que pour les ambulacres pairs antérieurs. Zones porifères assez longues et extrêmement étroites, formées de pores ronds, microscopiques, placés par paires dans une petite fossette et séparés par un granule. Les paires paraissent ne former qu'une rangée à la partie supérieure; mais, plus bas, elles sont irrégulièrement alignées et s'écartent, à peu près alternativement, à droite et à gauche. L'espace interzonaire est large, granuleux, et ne porte qu'à la partie supérieure quelques tubercules, médiocrement développés. — Ambulacres pairs pétaloïdes, étroits et très longs, les antérieurs infléchis en avant, un peu plus larges et un peu plus courts que les postérieurs qui sont droits. Ces derniers sont peu divergents, tandis que les autres sont perpendiculaires à l'axe antéro-postérieur. Zones porifères légèrement déprimées, assez larges, formées de pores conjugués, les externes obliques, allongés et acuminés dans la direction des internes qui sont ronds. Il y en a 38 paires dans notre plus grand exemplaire et 36 dans l'autre. L'espace interzonaire est marqué de rares tubercules. — Les ambulacres postérieurs sont plus étroits et comptent environ 40 paires de pores : les plus rapprochées du sommet sont très réduites. Bien que nous ne connaissions pas la longueur exacte de nos exemplaires, il est bien évident que les ambulacres postérieurs occupent au moins les deux tiers de la longueur totale de l'oursin. — Péristome situé à 6 millimètres du bord antérieur, allongé, pentagonal; il est entouré de bourrelets assez sensibles à l'extrémité des aires ambulacraires, et de floscelles ambulacraires larges, surtout l'antérieur, formés de chaque côté d'une rangée externe de très petites paires de pores, et de deux rangées internes plus développées. — Le périprocte nous est inconnu.

RAPPORTS ET DIFFÉRENCES. L'*Archiacia palmata* se distingue facilement des espèces décrites jusqu'à ce jour par la longueur de ses ambulacres pairs. Sa face antérieure verticale diffère beaucoup de celle de l'*A. sandalina;* l'absence de gros tubercules antérieurs le sépare de l'*A. santonensis;* sa taille ne permet pas de le confondre avec l'*A. gigantea* d'Orbigny; et il est plus élevé et moins large que l'*A. saadensis* Peron et Gauthier.

Ce n'est qu'avec doute que nous rapportons à notre espèce un fragment qui présente des ambulacres postérieurs très longs, mais beaucoup plus larges que ceux que nous observons dans toutes les espèces, même chez des exemplaires plus grands que ne devait l'être celui dont nous parlons. La largeur de ces ambulacres atteint 6 millimètres; et si l'on considère que les ambulacres pairs antérieurs sont toujours plus larges que les postérieurs, on verra que ce fragment est tout à fait extraordinaire pour le genre. Malheureusement il ne nous donne ni la forme, ni la taille de l'individu, qui ne paraît pas avoir été très grand. Il nous est donc impossible de rien conclure à son égard; nous nous contentons d'en faire mention.

Djebel Taferma, versant sud (Kef Nador); Djebel Oum-Ali (Cherb central). – Cénomanien.

Le type est au Muséum de Paris.

Archiacia acuta Thomas et Gauthier, t. 2, fig. 9-11.

Nous établissons cette espèce d'après un seul exemplaire, fort incomplet, car nous ne connaissons ni la face inférieure, ni la partie voisine du périprocte.

Espèce à partie antérieure conique, se terminant en pointe aiguë. Le test tombe verticalement en avant, et le sillon ambulacraire impair se dessine légèrement dès le sommet. Apex placé un peu en arrière du point culminant, sur la partie déclive du dos. — Appareil apical peu développé, portant quatre plaques génitales entourées par les pores ocellaires; nous ne discernons pas nettement le corps madréporiforme. — Ambulacre impair plus large que les autres, et très différent. Il est composé, de chaque côté, de petites paires de pores, très réduites, renfermées dans une fossette, au milieu de laquelle se trouve un petit granule. Ces fossettes forment, dans chaque zone, deux rangées assez irrégulières, mais bien visibles dans toute la partie supérieure et moyenne de l'ambulacre. L'espace interzonaire et toute la face antérieure de l'oursin portent quelques tubercules assez clairsemés. — Ambulacres pairs complètement semblables entre eux, courts et étroits. Les zones sont composées de pores externes obliques et allongés, tandis que les internes sont ronds. Les paires sont très serrées et il n'y en a pas moins de 36 à 38 dans chaque zone. L'espace interzonaire n'a guère que 1 millimètre de large, il égale cependant la largeur des deux zones porifères réunies. Les ambulacres antérieurs sont perpendiculaires à l'axe du test; les postérieurs, à cause de leur étroitesse, paraissent un peu plus écartés que dans la plupart des congénères de l'espèce.

Les autres détails nous sont inconnus.

3.

Rapports et différences. L'*Archiacia acuta* se distingue de toutes les espèces connues par son sommet absolument aigu. Il diffère en outre de l'*A. palmata* par son appareil apical placé un peu en arrière du point culminant, et par ses ambulacres pairs plus égaux, plus étroits et plus courts. Il est à remarquer que le nombre des paires de pores est à peu près le même dans les deux espèces; ce qui n'empêche pas que l'on soit frappé à première vue par la disparité des ambulacres; car dans l'*A. palmata*, la longueur des pétales postérieurs est de 16 millimètres, tandis qu'elle n'est que de 9 dans la présente espèce. La largeur des mêmes pétales est également moindre de moitié. Ces considérations nous ont engagé à séparer spécifiquement ces deux types, bien que notre *A. acuta* ne soit représenté que par un exemplaire incomplet. Aussi bien la physionomie des deux espèces est très différente, et les détails que nous venons de donner nous paraissent suffisants pour conclure à une distinction spécifique.

Djebel Taferma (Cherb central). – Cénomanien.

Le type est au Muséum de Paris.

Archiacia sandalina Agassiz [1847]; *A. Tissoti* Coquand *in Mém. Soc. émul. Provence*, 251, t. 27, fig. 4-6 [1862]; Cotteau, Peron et Gauthier *Échin. foss. Alg.*, fasc. v, 154, t. 10, fig. 13 [1879]; Coquand *in Bull. Acad. Hippone*, XV, 300 [1880].

Forme allongée, médiocrement élargie, arrondie en arrière, relevée en cône oblique et très haute en avant. Sommet apical très excentrique en avant, situé un peu en arrière du cône qui termine la partie antérieure. — Ambulacre impair logé dans un sillon à peine sensible près du sommet, se creusant ensuite et s'élargissant vers le bord inférieur qu'il entame sensiblement. — Ambulacres pairs pétaloïdes, peu développés, n'atteignant pas le tiers de la distance qui sépare le sommet du bord postérieur. Pores petits, les externes ovales, les internes ronds, conjugués par un sillon; paires assez serrées. Espace interzonaire couvert de petits tubercules, comme le reste du test, plus large dans les pétales antérieurs que dans les postérieurs, où il excède cependant la largeur d'une des zones. — Péristome invisible sur notre exemplaire. — Périprocte inframarginal, ovale, assez grand.

Les exemplaires que nous avons entre les mains, peu nombreux d'ailleurs, sont tous incomplets, et quelques-uns sont moins développés que la plupart de ceux qu'on a rencontrés en Algérie. Par suite, les pétales ambulacraires sont moins étalés et se rapprochent beaucoup plus des dimensions indiquées par d'Orbigny dans la *Paléontologie française* [1]. Mais il ne nous paraît pas douteux qu'ils n'appartiennent tous au même type. L'exagération des pétales ambulacraires dans quelques individus recueillis en Algérie tient à l'exagération de la taille; les sujets de grandeur moyenne ont les ambulacres proportionnés à leur taille et à peu près de même dimension que ceux de France.

---

[1] Tome VI, t. 909.

Djebel Meghila, Foum-el-Guelta; Djebel Cehela. – Cénomanien. — En Algérie, cette espèce a été recueillie principalement à Aïn Baïra et à Bou-Saada.

Archiacia saadensis Peron et Gauthier *in* Cotteau, Peron et Gauthier *Échin. foss. Alg.*, fasc. v, 156, t. 11, fig. 1-4 [1879]; Coquand *in Bull. Acad. Hippone*, XV, 301 [1880].

L'*Archiacia saadensis* ayant été décrit et figuré dans les *Échinides fossiles de l'Algérie*, il ne nous paraît pas utile ni d'en donner ici une nouvelle description, ni de le comparer aux espèces recueillies en France. Nous nous bornerons à rappeler que la forme est étalée, arrondie à la partie postérieure, plus large que longue. Le cône antérieur, au lieu d'être projeté en avant, ne dépasse pas le bord antérieur; le sommet apical est un peu en arrière du point culminant.

L'ambulacre antérieur est bien conservé sur plusieurs de nos exemplaires tunisiens, et nous avons pu constater que les paires de pores, formant deux rangées de chaque côté, ne sont point placées en face l'une de l'autre: elles alternent; et encore cette disposition est-elle inconstante; tous les exemplaires ne montrent pas le même écartement entre les paires de chaque rangée, et parfois on constate plutôt une ligne irrégulière que deux lignes parallèles.

Comparé aux espèces nouvelles décrites précédemment, l'*Archiacia saadensis* est assez voisin de l'*A. palmata*. Il s'en distingue surtout par ses pétales pairs toujours plus courts dans l'espèce qui nous occupe, comptant huit ou dix paires de pores de moins à taille égale, et ne descendant pas jusqu'au milieu de la distance qui sépare l'apex du bord. La forme est un peu moins conique, moins redressée en avant; mais ce dernier caractère n'a pas une grande importance; les ambulacres pairs antérieurs sont aussi moins infléchis en avant.

Djebel Taferma, versant sud (Cherb central); Djebel Ceket, base nord; Djebel Oum-Ali, base nord; El-Aïeïcha. – Cénomanien.

Archiacia santonensis? d'Archiac [1855].

Nous rapportons à cette espèce un fragment bien conservé, mais incomplet, car il ne représente que le sommet et les alentours sur une étendue de 20 millimètres à peine. L'appareil apical est plus développé que dans les espèces précédentes; les pores génitaux sont plus largement ouverts, et le corps madréporiforme les enveloppe tous, à l'exception de l'antérieur de gauche. L'aire ambulacraire impaire est ornée de gros tubercules scrobiculés, crénelés et perforés, que ne portent point, au même degré du moins, les espèces que nous avons étudiées précédemment. C'est surtout ce dernier caractère, signalé par d'Orbigny, qui nous a engagé à voir dans ce fragment un représentant de l'*A. santonensis*. La forme obtuse du cône, le profil de la courbe qu'il dessine, les détails des parties d'ambulacres que nous voyons, correspondent également bien à la description donnée dans la *Paléontologie française*, de sorte que l'attribution spécifique que nous faisons ici nous paraît appuyée sur d'assez solides probabilités.

Djebel Taferma (Cherb septentrional), versant sud. – Cénomanien.

Il peut paraître extraordinaire que la même localité présente quatre et même cinq espèces appartenant au genre *Archiacia*, ces Échinides étant généralement fort rares. Il y a cependant encore dans les matériaux rapportés du Cherb septentrional deux ou trois autres fragments, trop incomplets pour que nous ayons pu y voir des types nouveaux, assez bien conservés néanmoins pour qu'il nous ait été impossible de les réunir aux espèces précédentes. Nous avons déjà signalé un de ces fragments en décrivant l'*A. palmata*; les autres ne sont pas moins intéressants, mais ils sont trop insuffisants et trop isolés pour qu'on puisse s'y arrêter plus longuement aujourd'hui.

En Tunisie, comme en Algérie et en France, le genre *Archiacia* apparaît avec l'étage cénomanien, et n'a pas encore été rencontré au-dessus de cet étage.

Pygopistes excentricus Thomas et Gauthier, t. 2, fig. 12-15.

DIMENSIONS.

Longueur	Largeur	Hauteur
Longueur...... 16 millim.	Largeur........ 13 millim.	Hauteur........ 10 millim.
— 21	— 18	— 15
— 23	— 20	— 15
— 26	— 22	— 16

Espèce ovoïde, épaisse, arrondie en avant, sinueuse mais non tronquée en arrière. Face supérieure renflée, subgibbeuse à la partie antérieure; pourtour arrondi; dessous pulviné. Apex excentrique en avant (5/13). — Appareil apical trapézoïde, portant quatre pores génitaux bien ouverts. Le madréporide occupe tout le milieu. — Ambulacres à fleur de test, tous semblables mais inégaux, l'impair étant le plus court, et les deux postérieurs plus longs que les antérieurs pairs. Les pétales sont à peine rétrécis à l'extrémité, puis les aires ambulacraires se continuent par de petits pores microscopiques, difficiles à voir, et qui, à la face inférieure, sont, sur certains sujets, mais non sur tous, logés dans des dépressions qui s'approfondissent à mesure qu'elles se rapprochent du péristome. Zones porifères longues, s'étendant sur toute la face supérieure, assez larges, formées de pores petits, inégaux, les internes ronds, les externes un peu allongés, bien conjugués. Zones interporifères presque partout de même largeur, à peine costulées, couvertes des mêmes tubercules que le reste du test. — Péristome excentrique en avant, mais moins que le sommet, subpentagonal, oblique. Il est entouré d'un floscelle peu développé sans doute, mais dont chaque phyllode compte quatre rangées de pores; il n'y a pas de bourrelets proprement dits, mais l'extrémité des aires interambulacraires est sensiblement gonflée; la paroi interne des lèvres est granuleuse. — Périprocte situé à la face postérieure, assez haut, à l'extrémité d'un sillon qui descend jusqu'au bord. — Tubercules des Cassidulidées, petits, scrobiculés, très serrés sur tout le test.

RAPPORTS ET DIFFÉRENCES. Le *P. excentricus* se rapproche du *P. floridus* par sa taille, sa forme épaisse, la disposition de ses ambulacres. Il s'en distingue facilement par sa partie antérieure subgibbeuse, par son sommet plus excentrique en avant, par son périprocte placé un peu plus haut : ces différences sont constantes.

Dans les *Échinides de l'Algérie*, en décrivant le *Pygopistes (Phyllobrissus) floridus*, l'un de nous a signalé [1] un exemplaire, provenant d'Aïn Baïra, notablement différent des autres, de plus grande taille, beaucoup plus déprimé, avec dessous plat, périprocte plus grand et plus fortement encadré par les bords saillants du sillon anal. Nous n'avons pas cru devoir, à cette époque, fonder sur cet exemplaire isolé un type spécifique; mais depuis il nous en est revenu d'autres de différentes localités, et notamment de Lambèse, parfaitement conformes à cet exemplaire divergent, et nous n'hésitons plus à y voir le type d'une nouvelle espèce, que nous nommons *P. Heinzi*. Ces exemplaires, avec leur forme déprimée et élargie, ont complètement la physionomie des *Bothriopygus;* le périprocte occupe exactement la face postérieure; et aujourd'hui que l'on n'admet plus que des *Bothriopygus* à péristome oblique, notre *Pygopistes* est bien près de ce genre. M. Cotteau [2] établit cette différence sommaire que les *Pygopistes* ont leurs aires ambulacraires subpétaloïdes, et les *Bothriopygus* pétaloïdes. Mais les pétales du *B. obovatus* ou du *B. minor* ne sont guère mieux fermés que ceux de notre *P. Heinzi;* la forme est la même; le péristome également oblique, sans bourrelet et entouré d'un floscelle rudimentaire. La seule différence que nous y trouvons, c'est que le dessous de notre espèce est un peu plus pulviné et le bord un peu plus épais : cependant c'est bien un *Pygopistes*. Cette espèce basse et large rapproche singulièrement les deux genres, depuis qu'on a pris les vrais *Bothriopygus* de d'Orbigny pour en faire des *Parapygus*.

El-Aïeicha; Djebel Cehela. – Cénomanien.

Genre **HYPOPYGURUS** Gauthier.

Test d'assez grande taille, clypéiforme, à pourtour régulièrement ovale, arrondi en avant, subrostré en arrière; dessous presque plat. — Apex excentrique en avant, médiocrement développé; quatre pores génitaux, avec madréporide variable, tantôt s'étendant entre les plaques en forme de croix, tantôt couvrant les plaques génitales presque entièrement. — Ambulacres des Cassidulidées, très longs, ne se rétrécissant pas à l'extrémité. — Péristome excentrique en avant, pentagonal, presque à fleur de test; les bourrelets interambulacraires sont médiocrement marqués; par contre, les floscelles sont en forme de feuille, et comptent quatre rangées de paires de pores logées dans des fossettes. Les sillons ambulacraires ne se prolongent pas à la face inférieure au delà des floscelles. — Périprocte tout entier inférieur, marginal, entamant légèrement le rostre, plus large en arrière qu'en avant et assez grand; il n'y a point d'aréa.

RAPPORTS ET DIFFÉRENCES. Le genre *Hypopygurus* tient à la fois des *Pygurus*,

---

[1] *Fascicule* v, 152. Remarque.

[2] *Paléont. fr.*, terrain éocène, 463.

des *Mepygurus*, des *Astrolampas*, des *Bothriopygus*, des *Echinolampas*, des *Plesiolampas*, sans pouvoir se rapporter à aucun d'entre eux. Il diffère des vrais *Pygurus* par son pourtour régulièrement ovale, par ses ambulacres non rétrécis à l'extrémité, par sa face inférieure unie et à peine déprimée, par ses bourrelets buccaux peu saillants; — des *Mepygurus* Pomel, si l'on admet ce genre, par ses pétales ambulacraires non rétrécis, par les floscelles véritables qui entourent le péristome, par l'absence de sillons ambulacraires à la face inférieure; — des *Astrolampas* Pomel, le genre le plus voisin, par son périprocte pyriforme, plus rapproché du bord et sans aréa, par son sommet excentrique, par ses pétales ambulacraires n'ayant aucune tendance à se rapprocher à l'extrémité, par les floscelles de son péristome en forme de feuille; — des *Bothriopygus*, par son périprocte entièrement inférieur; — des *Plesiolampas* Duncan et Sladen[1], par son péristome droit, allongé, nettement pentagonal, par les floscelles qui l'entourent; par son périprocte plus large, par ses pétales ambulacraires très ouverts ; — des *Echinolampas* Gray, par sa tuberculation différente, par ses zones porifères égales en longueur, par son périprocte longitudinal.

Il doit prendre place entre ces trois derniers genres et les Pyguroïdes.

Hypopygurus Gaudryi Thomas et Gauthier, t. 2, fig. 19-23.

DIMENSIONS.

Longueur	Largeur	Hauteur
Longueur...... 36 millim.	Largeur....... 31 millim.	Hauteur....... 15 millim.
— 45	— 38	— 19
— 56	— 49	— 22
— 61	— 57	— .... (?)

Espèce clypéiforme, parfaitement régulière dans son pourtour, arrondie en avant, subrostrée en arrière. Face supérieure peu élevée, uniformément convexe; bord arrondi; face inférieure presque plate, unie, plus ou moins concave dans le voisinage du péristome. Apex excentrique en avant. — Appareil apical peu étendu, présentant quatre plaques génitales en contact, et cinq ocellaires très réduites, placées aux angles extérieurs. Les sutures des plaques, sans être bien distinctes, apparaissent néanmoins sur les exemplaires les mieux conservés. Le madréporide est, relativement, très développé; il couvre une grande partie des plaques génitales ou s'étend en croix en suivant leurs sutures médianes; il disjoint les ocellaires postérieures, sans les dépasser de beaucoup. — Les cinq ambulacres sont semblables, mais les postérieurs sont plus longs que les autres; ils sont droits et s'étendent tous presque jusqu'au bord, s'élargissant graduellement du sommet à l'extrémité, sans tendance à se fermer; seulement chaque zone porifère est acuminée à

---

[1] *Geological Survey of India.*— Le *Plesiolampas elongata*, du premier fascicule, pourrait bien différer génériquement du *Pl. rostrata*, deuxième fascicule, qui est celui auquel nous faisons allusion.

l'ouverture finale. Pores externes allongés, acuminés dans la partie qui se dirige vers les internes qui sont ronds; ils sont conjugués par un sillon, et les paires sont séparées par une mince cloison qui porte une rangée de granules. Les paires de pores sont très serrées, et notre plus grand exemplaire en porte 74 dans chaque zone de l'ambulacre postérieur et 60 dans l'ambulacre antérieur. Au delà de l'étoile ambulacraire, les zones se réduisent tout à coup à de très petites paires obliques, distantes, dont les pores sont séparés par un granule; on peut à peine les suivre à la face inférieure. — Péristome excentrique, au tiers antérieur, droit, allongé, pentagonal. Les bourrelets sont peu saillants; les floscelles, bien marqués, montrent quatre rangées de petites paires de pores toutes égales et assez serrées. — Périprocte inframarginal, touchant le bord et entamant même légèrement le rostre postérieur, invisible d'en haut, sans aréa. Il est assez développé, mais variable dans ses dimensions, toujours large, plus aigu dans la partie qui regarde le péristome. — Les tubercules ont l'aspect de ceux des *Bothriopygus;* ils sont le plus souvent effacés à la partie supérieure, plus développés et plus écartés en dessous.

L'*H. Gaudryi* est, jusqu'à présent, la seule espèce du genre. Les exemplaires en sont assez nombreux, et presque tous en bon état de conservation.

Djebel Cehela. – Cénomanien.

Nous sommes heureux de dédier cette belle et unique espèce du genre *Hypopygurus* au savant professeur du Muséum, M. Albert Gaudry.

Le type est au Muséum de Paris.

Echinobrissus eddiseusis Peron et Gauthier *Échin. foss. Alg.*, fasc. III, 26, t. 1, fig. 8-9, et t. 2, fig. 1-5 [1876].

Un exemplaire recueilli avec l'*Enallaster Tissoti* nous paraît pouvoir se rapporter au type algérien d'Ed-Dis. La forme, les détails des ambulacres, la position de l'apex et du périprocte sont les mêmes. Nous croyons, néanmoins, devoir faire quelques réserves à cause de la pauvreté de nos matériaux.

Djebel Oum-Ali (Cherb central), versant sud. – Albien.

Echinobrissus rotundus Peron et Gauthier *in* Cotteau, Peron et Gauthier *Échin. foss. Alg.*, fasc. V, 147, t. 9, fig. 9-13 [1879]; Coquand *in Bull. Acad. Hippone*, XV, 294 [1880].

Les exemplaires de cette espèce que M. Thomas a recueillis en Tunisie correspondent exactement pour la taille et les différents caractères à ceux que M. Peron a rapportés de Bou-Saada. Ils sont renflés, arrondis, épais; la partie postérieure est légèrement anguleuse, mais à angles très mousses. Les ambulacres sont bien développés, longs, larges et parfois subcostulés. Le péristome est excentrique en avant, pentagonal, largement ouvert, avec rosette de pores médiocrement développée et bourrelets rudimentaires.

Le périprocte s'ouvre au sommet d'un sillon qui remonte jusqu'à la moitié environ de la distance de l'apex au bord postérieur, et descend jusqu'en bas où il produit une sinuosité.

Djebel Oum-Ali (Cherb central), base nord; Djebel Taferma, versant sud. — Cénomanien.

Echinobrissus angustior Peron et Gauthier *in* Cotteau, Peron et Gauthier, *Echin. foss. Alg.*, fasc. v, 145, t. 9, fig. 3-7 [1878]; Coquand *in Bull. Acad. Hippone*, XV, 294 [1880].

La majorité des exemplaires sont un peu plus petits de taille que ceux d'Algérie (Bou-Saada), mais ils nous paraissent bien conformes au type spécifique. Nous ferons ici une observation. Le floscelle qui entoure le péristome dans cette espèce est assez bien développé, et il en est de même dans les exemplaires algériens, comme nous l'avons dit en décrivant cette espèce. Le dessinateur avait négligé ce caractère.

Djebel Cehela, Kef El-Hammam. — Cénomanien.

Echinobrissus inflatus Thomas et Gauthier, t. 2, fig. 27-29.

DIMENSIONS.

Longueur	Largeur	Hauteur
29 millim.	26 millim.	16 millim.
30	26	18
30	27	19

Espèce très élevée, à pourtour large et subquadrangulaire, aussi renflée, et parfois plus, en arrière qu'en avant, à partie postérieure abrupte et à peine oblique; dessous à peu près plat. Apex légèrement excentrique en avant. — Appareil apical de forme irrégulière: quatre pores génitaux largement ouverts, cinq pores ocellaires plus petits, mais bien visibles. Les sutures des plaques ne sont pas distinctes, et le madréporide occupe le milieu, s'étendant plus ou moins selon les individus. Le pore génital antérieur de gauche s'avance plus loin que celui de droite et s'ouvre dans l'aire interambulacraire, ou plutôt la plaque qui le porte, et qui est indistincte, comme nous l'avons dit, excède l'alignement et pénètre dans l'aire interambulacraire; les pores génitaux postérieurs sont aussi très écartés, mais autant l'un que l'autre, et ils empiètent sur l'aire interambulacraire. Entre les plaques ocellaires postérieures, et même en arrière de celles-ci, se trouvent deux plaques supplémentaires, bien distinctes sur un de nos exemplaires, tandis que sur l'autre elles sont fondues en une, qui couvre même quelques pores ambulacraires. — Ambulacres pétaloïdes, mal fermés, longs et larges, l'impair plus grand que les autres et s'étendant presque jusqu'au bord; les pairs égaux. Pores de deux sortes, les externes légèrement allongés, les internes ronds; ils sont conjugués. L'espace interzonaire, un peu renflé, est aussi large que les deux zones réunies; mais cette proportion varie légèrement selon les exemplaires. —

Péristome excentrique, placé au-dessous de l'apex, dans une dépression tantôt à peine sensible, tantôt assez profonde. Il est assez grand, pentagonal, entouré de bourrelets médiocres et de phyllodes peu élargis, allongés, ouverts, et comprenant quatre rangées de pores. — Périprocte situé, au fond d'un sillon étroit, à la face postérieure, qui est haute et presque verticale. Le sillon s'élève à peu près à la moitié de la distance de l'apex, et s'arrête, d'autre part, assez loin du bord. — Tubercules homogènes, couvrant tout le test, un peu plus espacés à la face inférieure, semblables à ceux que portent toutes les espèces du genre.

RAPPORTS ET DIFFÉRENCES. Comme forme, il n'y a guère que l'*E. Requieni* d'Orbigny qui se rapproche de l'espèce que nous venons de décrire; mais les deux espèces, qui appartiennent à des niveaux différents, se distinguent facilement l'une de l'autre. L'espèce tunisienne est de plus grande taille, l'ambulacre antérieur est beaucoup plus long, le bord inférieur, moins épais, sans être mince, le péristome plus nettement pentagonal; les bourrelets, d'ailleurs, ne sont pas plus saillants, et les phyllodes, bien qu'un peu plus développés, sont constitués de la même manière et renferment seulement quelques paires de plus dans les rangées extérieures.

Djebel Meghila, Foum-el-Guelta, grès à bryozoaires. – Cénomanien?

Echinobrissus daglensis Thomas et Gauthier, t. 2, fig. 24-26.

DIMENSIONS.

Longueur		Largeur		Hauteur	
Longueur	13 millim.	Largeur	10 millim.	Hauteur	6 millim.
—	14	—	11,5	—	7
—	16	—	13	—	9
—	19	—	16	—	11

Espèce de petite taille, à pourtour ovalaire, rétrécie en avant, à côtés presque parallèles, arrondie à la partie postérieure. Face supérieure médiocrement élevée, donnant en profil une courbe régulière, sauf au quart postérieur où elle forme un angle et devient plus rapidement déclive. Face inférieure à peu près plate, légèrement pulvinée sur les bords, concave autour du péristome. Sommet un peu excentrique en avant. — Appareil apical peu développé, montrant quatre pores génitaux entre lesquels le madréporide fait ordinairement saillie en forme de petit bouton; les cinq plaques ocellaires sont extrêmement petites; les postérieures se rejoignent. — Ambulacres pétaloïdes, mal fermés à l'extrémité du pétale, tous à peu près de même longueur. Zones porifères à fleur de test; pores presque ronds, les externes un peu allongés; ils sont très nettement conjugués. L'espace interzonaire est plus large qu'une des zones. — Péristome légèrement excentrique en avant, pentagonal, assez large, entouré de floscelles bien visibles; mais les bourrelets interambulacraires sont à peine sensibles; la paroi des lèvres est granuleuse. — Périprocte placé à la partie postérieure, dans un sillon étroit, qui s'avance jusqu'à la moitié de la distance qui sépare le sommet du bord, et laisse ce dernier intact. — Granulation fine et uniforme, habituelle au genre.

RAPPORTS ET DIFFÉRENCES. L'*E. daglensis* est voisin de l'*E. angustior* Peron et Gauthier, du Cénomanien d'Algérie; mais ce dernier est toujours plus élargi et plus mince à la partie postérieure. Il se rapproche également de l'*E. Goybeti* Cotteau[1], du Cénomanien de Syrie. Celui-ci est tronqué à la partie postérieure au lieu d'être arrondi, et se trouve, par suite, plus large en cet endroit; l'ensemble en est moins allongé et le sillon anal est moins étroit et moins aigu à la partie supérieure. L'*E. parallelus* d'Orbigny, du Turonien de la Sarthe, est plus étroit dans son ensemble, plus épais; le sillon anal descend moins bas, le dessous est plus pulviné. L'*E. pseudominimus* Peron et Gauthier, du Sénonien d'Algérie, à la face supérieure plus élevée, et le sillon anal remonte plus haut.

On rencontre au Revest, près de Toulon, et à Cassis, près de Marseille, un *Echinobrissus* encore inédit, et désigné dans notre collection sous le nom d'*E. revestensis,* qui nous paraît être bien semblable à l'espèce qui nous occupe; et nous serions porté à les réunir, si l'espèce tunisienne n'atteignait souvent une taille plus considérable.

Djebel Dagla, où l'espèce occupe plusieurs horizons du Cénomanien moyen et supérieur, et peut-être le Turonien inférieur; elle appartient au Cénomanien partout ailleurs : Bir Oum-Ali, base nord; Djebel Ceket; El-Aïeïcha.

Le type est au Muséum de Paris.

Echinobrissus djelfensis Gauthier (*in collect.*), t. 2, fig. 30-32.

DIMENSIONS.

Longueur		Largeur		Hauteur	
22 millim.		20 millim.		10 millim.	
25		21		10	

Espèce de taille moyenne, plus longue que large, à forme ovalaire, dont la plus grande largeur est au tiers postérieur, arrondie et médiocrement rétrécie en avant, renflée en dessus, mais s'abaissant assez rapidement à la partie postérieure, qui est amincie. Dessous concave, surtout aux environs du péristome. Apex excentrique en avant. — Appareil apical peu développé, muni de quatre pores génitaux. Le corps madréporiforme occupe tout le milieu en forme de bouton. — Ambulacres pétaloïdes, mal fermés à l'extrémité des pétales, allongés, étroits, tous à peu près égaux. Zones porifères à fleur de test, composées de pores bien conjugués, les externes un peu allongés, les internes ronds, tous petits. L'espace interzonaire, plus large que l'une des zones, est légèrement renflé, et porte les mêmes tubercules que le reste du test. — Péristome excentrique en avant, à peu près sous le sommet, dans une forte dépression du

---

[1] *Échinides nouv. ou peu connus*, 2ᵉ série, fasc. IV, 60, t. 8.

test. Il est pentagonal, assez large, droit, et entouré d'un floscelle bien marqué. Les bourrelets sont peu saillants. — Périprocte s'ouvrant en haut d'un sillon qui ne remonte guère au-dessus de la moitié de l'espace qui sépare l'apex du bord. Ce sillon, aigu à la partie supérieure, et qui n'entame pas le bord, offre la particularité de dévier plus ou moins, mais presque toujours, de l'axe antéro-postérieur, et de se porter vers la gauche à la partie inférieure. — Tubercules ordinaires au genre, très petits, scrobiculés, répandus sur toute la surface de la partie supérieure, un peu plus gros et moins serrés en dessous. Il y a une bande lisse entre le péristome et le bord postérieur.

RAPPORTS ET DIFFÉRENCES. L'*E. djelfensis* est très voisin de l'*E. Julieni* Coquand, auquel nous l'avons réuni dans nos Échinides de l'Algérie. Depuis, nous avons reconnu que les exemplaires de Djelfa sont toujours un peu plus larges à la partie postérieure, plus minces, plus anguleux que ceux des Tamarins et de Medjès, que leur sillon anal monte un peu plus haut et descend moins bas, enfin que ce sillon est très souvent oblique, et nous les avons séparés spécifiquement des autres. M. Thomas en a recueilli de nombreux exemplaires en Tunisie, qui ne font que nous montrer que nous avons en raison de séparer les deux types; leur sillon anal, aigu et encore plus oblique que dans la plupart des exemplaires de Djelfa, ne permet plus de les confondre avec l'*E. Julieni.*

Khanguet Tefel, marnes à *Rachiosoma Peroni;* Khanguet Goubel; Sidi-bou-Ghanem. – Santonien.

En Algérie, l'espèce abonde aux environs de Djelfa, département d'Alger, avec l'*Hemiaster Fourneli* et le *Parapygus Coquandi.*

Echinobrissus Julieni Coquand *in Mém. Soc. émul. Provence*, II, 252, t. 28, fig. 5-7 [1862]; Brossard *Subd. de Sétif*, 237 et 242 [1867]; Peron *in Bull. Soc. géol.*, 2° série, XXVII, 160 [1870]; Coquand *in Bull. Acad. Hippone*, XV, 419 [1880]; Cotteau, Peron et Gauthier *Échin. foss. Alg.*, fasc. VII, 77 [1883]; *Trochalia Julieni* Pomel *Genera* 60 [1883].

Nous venons de signaler les différences qui distinguent l'*E. djelfensis* de l'*E. Julieni.* Les deux espèces habitent également la Tunisie et l'Algérie, et il est parfois difficile de les discerner. Toutefois, un examen attentif fait bien vite reconnaître les caractères de chacune. L'*E. Julieni* atteint quelquefois une plus grande taille.

Djebel Bou-Driès; Bir Tamarouzit; Djebel Dernaïa; Sidi-bou-Ghanem. – Santonien.

Echinobrissus pseudominimus Peron et Gauthier *in* Cotteau, Peron et Gauthier *Échin. foss. Alg.*, fasc. VII, 78, t. 5, fig. 2-7, et fasc. VIII, 137 [1881].

Espèce de petite taille, allongée, à côtés presque parallèles, arrondie en dessus, parfois gibbeuse; dessous concave. Apex excentrique en avant. — Ambulacres pétaloïdes, courts et saillants, acuminés aux extrémités, peu développés, les antérieurs pairs moins longs que les autres. — Péristome excentrique en avant, à peu près sous l'apex, dans une dépression sensible, entouré d'une étoile bien marquée. — Périprocte situé à la face postérieure à peu près à égale distance entre l'apex et le bord, au fond d'un sillon allongé et étroit.

Cette espèce a été décrite et comparée dans nos *Échinides de l'Algérie*, et nous y renvoyons. Les exemplaires recueillis en Tunisie n'offrent pas de divergences importantes.

Djebel Safsaf. – Santonien. — Djebel Taferma, versant nord.– Santonien.

Echinobrissus rimula Thomas et Gauthier, t. 3, fig. 1-3.

DIMENSIONS.

Longueur	18 millim.	Largeur	16 millim.	Hauteur	8 millim.
—	20	—	18	—	9
—	22	—	19	—	10

Espèce de taille médiocre, peu élevée, ovalaire, arrondie et rétrécie en avant, ayant sa plus grande largeur au quart postérieur. Le profil s'abaisse plus rapidement en arrière qu'en avant; bord arrondi; face inférieure fortement déprimée dans la région du péristome. Apex excentrique en avant, aux 4/10. Appareil apical habituel au genre : quatre pores génitaux en trapèze entourant le madréporide; cinq plaques ocellaires petites, externes. — Ambulacres pétaloïdes; pétales mal fermés, assez étroits, allongés, les deux postérieurs un peu plus longs que les autres. Pores petits, presque égaux, les internes ronds, les externes un peu plus allongés, acuminés : ils sont conjugués. L'espace interzonaire est sensiblement plus large qu'une des zones. — Péristome pentagonal, peu étendu, placé à peu près sous l'apex. Il est bordé de bourrelets peu sensibles et de floscelles longs, bien marqués, médiocrement larges, mal fermés, montrant quatre rangées de pores; la partie interne des lèvres est granuleuse. — Périprocte situé au sommet d'un sillon long de 6 millimètres, très étroit, ne s'élargissant pas à la partie inférieure, produisant en bas une dépression qui émargine à peine le bord.

RAPPORTS ET DIFFÉRENCES. L'étroitesse du sillon anal rapproche cette espèce de l'*E. Meslei* Peron et Gauthier, dont elle a en outre les ambulacres étroits; elle s'en distingue par ce même sillon moins long, par son péristome moins enfoncé, à floscelles plus longs, par sa hauteur moins considérable, par sa taille moins développée. Elle diffère de l'*E. pseudomininus* Peron et Gauthier, par ses côtés moins parallèles, son sillon anal plus étroit, sa forme plus déprimée; de l'*E. djelfensis* Gauthier, qu'on rencontre dans la même localité, par son sillon anal plus étroit, toujours droit, par ses ambulacres moins larges, à pores externes moins longs.

Khanguet Goubel. – Santonien.

Le type est au Muséum de Paris.

Echinobrissus Meslei Peron et Gauthier *in* Cotteau, Peron et Gauthier *Échin. foss. Alg.*, fasc. VIII, 157, t. 16, fig. 7-12 [1883].

Nous ne reviendrons pas sur la description de cette espèce, si facile à distinguer de ses congénères à son sillon anal étroit et très long, à ses ambulacres médiocrement élargis et mal fermés. Nous ne ferons qu'une observation. M. Pomel, trompé sans doute par la figure donnée dans nos *Échinides de l'Algérie*, où notre dessinateur a oublié de reproduire les phyllodes du péristome, a compris cette espèce dans le genre *Nucleolites*, qu'il n'entend point, d'ailleurs, comme ses devanciers. Or l'*E. Meslei* montre des phyllodes parfaitement développés, courts, mais assez larges, ayant quatre rangées de pores. Ce qui a trompé le dessinateur, si toutefois ce n'est pas un simple oubli, c'est que ces phyllodes se développent en grande partie sur les parois du péristome qui s'enfoncent verticalement; ils sont très visibles sur les bons exemplaires, et aussi développés que dans d'autres espèces, par exemple que dans l'*E. Julieni*, que M. Pomel comprend dans un autre genre.

L'*E. Meslei* est assez abondant en Tunisie, à Chebika. – Dordonien. — On le rencontre, comme en Algérie, associé à l'*E. sitifensis*.

Echinobrissus sitifensis Coquand *in* Cotteau *Échin. nouv. ou peu connus*, 123, t. 16, fig. 13-15 [1866]; Brossard *Subd. de Sétif*, 246 [1867]; Coquand *in Bull. Acad. Hippone*, 296 [1880]; Munier Chalmas *in Mission Roudaire dans les chotts de Tunisie*, 62 [1881]; Cotteau, Peron et Gauthier *Échin. foss. Alg.*, fasc. VIII, 154, t. 15, fig. 6-10 [1883]; *Trochalia sitifensis* Pomel *Genera*, 60 [1883]; *Asterobrissus sitifensis* de Loriol *Échin. de la prov. d'Angola*, 105 [1888].

Espèce de moyenne ou de grande taille, allongée, arrondie en avant et légèrement onduleuse en arrière. Face supérieure toujours élevée, mais à des degrés différents, convexe. Face postérieure obliquement déclive, bord épais; dessous onduleux ou parfois simplement déprimé. Apex excentrique en avant. — Appareil médiocrement développé, avec quatre pores génitaux en trapèze plus ou moins régulier; le corps madréporiforme occupe le milieu. — Ambulacres pétaloïdes, presque fermés à l'extrémité, assez courts, ordinairement renflés, à peu près égaux entre eux. Zones porifères assez larges, montrant deux rangées de pores inégaux, les internes ronds, les externes un peu plus allongés et acuminés. Espace interzonaire ordinairement costulé, plus large qu'une des zones, couvert de tubercules comme le reste du test. — Péristome excentrique en avant, pentagonal, grand, avec bourrelets et phyllodes bien développés. — Périprocte placé dans un sillon étroit, allongé, acuminé au sommet, s'ouvrant loin de l'appareil apical, assez rapproché du bord qu'il échancre légèrement. — Tubercules petits, un peu plus gros en dessous; une bande lisse va du péristome au bord postérieur.

Parmi les exemplaires recueillis par M. Thomas, il y en a deux, provenant du Dordonien de Chebika, dont la taille dépasse singulièrement celle de tous les autres. Tandis que le plus grand des individus ordinaires ne mesure que 3o millimètres de longueur, ceux dont nous parlons atteignent l'un 42 et l'autre 44 millimètres, toutes les autres dimensions étant proportionnées. Nous nous sommes demandé d'abord si nous étions bien en présence du même type spécifique; mais il nous a été impossible de constater d'autres différences que celle de la taille; ce n'est qu'une variété *maxima* très curieuse.

Chebika; Bir Magueur; seuil de Kriz. – Dordonien. — Bir Oum-el-Djaf, à l'entrée nord du Khanguet. – Campanien ou Dordonien. — Les grands exemplaires se trouvent mêlés aux petits.

Comme on peut le voir dans la synonymie, M. Pomel a compris cette espèce dans son genre *Trochalia*, démembrement des *Echinobrissus*, et M. de Loriol a remplacé par le mot *Asterobrissus* ce terme générique de *Trochalia*, qui, déjà employé en conchyliologie, ne lui a pas paru pouvoir être maintenu. Antérieurement à l'ouvrage de M. Pomel, en 1881, nous avions discuté la possibilité d'établir un genre nouveau pour ce groupe d'*Echinobrissus* [1], sans l'entendre exactement comme l'auteur du *Genera*. Nous n'y comprenions que les espèces du Sénonien supérieur de l'Algérie, qui présentent en effet une physionomie particulière. Le genre à créer nous a paru manquer d'homogénéité, et nous y avons renoncé. Quand M. Pomel a repris cette idée, en 1883, il a donné pour type de son genre *Trochalia* l'*E. Requieni* d'Orbigny, de l'étage urgonien de France, et lui a assimilé les espèces du Sénonien supérieur de l'Algérie. Cette première assimilation, à une telle distance géologique et géographique, est bien faite pour nous inspirer quelque hésitation; et, en effet, il est bien difficile de voir dans le péristome petit, à peine pentagonal, entouré de phyllodes maigres et rudimentaires, que présente cet Échinide, l'équivalent du péristome largement pentagonal de l'*E. sitifensis*, entouré de bourrelets bien marqués et de phyllodes très développés en fer de lance. Nous aurions mieux compris que la nouvelle coupe générique ne renfermât que des espèces du Sénonien algérien. Pour obvier sans doute au manque d'homogénéité que nous constatons parmi ceux-ci, M. Pomel a retranché du genre *Trochalia* l'*E. Meslei*, et l'a reporté parmi les *Nucleolites*, comme nous l'avons dit plus haut. Cette exclusion nous paraît peu justifiée : le péristome est bien nettement pentagonal, et si les phyllodes et les bourrelets sont un peu moins développés que dans l'*E. sitifensis*, ils le sont autant, et même plus, que dans l'*E. Requieni*, dont nous avons de bons exemplaires entre les mains. Les ambulacres sont plus étroits, nous en convenons, mais les pores externes sont tout aussi allongés que dans l'*E. sitifensis*, car c'est une erreur de parler dans cette dernière espèce de pores externes linéaires allongés : ils y sont très courts, et, pour mieux dire, presque ronds. La tendance des ambulacres à se fermer n'est pas non plus une tendance générale des espèces comprises dans le genre *Trochalia*; l'*E. pyramidalis*, par exemple, a les pétales ouverts et à fleur de test, de sorte qu'on ne peut pas invoquer davantage la forme costulée des ambulacres. Nous retrouvons donc aujour-

[1] *Échin. foss. de l'Algérie*, fasc. VIII, 161.

d'hui les mêmes difficultés qu'en 1881 à constituer un genre homogène avec ce groupe d'*Echinobrissus*, et nous continuons à laisser à nos espèces ce dernier nom générique.

Résumé sur le genre Echinobrissus.

Le genre *Echinobrissus*, si rare en France à partir de la craie moyenne, est au contraire très abondant en Tunisie, dans les terrains crétacés moyens et supérieurs. Il n'y a donc eu ni dégénérescence ni extinction plus ou moins rapide à cette époque, comme on a pu le croire, mais un simple déplacement d'habitat; et la vitalité du groupe, loin de diminuer, augmente au contraire. C'est sans doute au dépôt de la craie blanche au fond des mers européennes qu'il faut attribuer la disparition presque complète du genre *Echinobrissus* dans le centre et le nord de la France, tandis qu'il se multipliait richement dans les eaux de la Méditerranée du nord de l'Afrique, mieux adaptées aux conditions de son existence. M. Thomas a recueilli un très grand nombre d'individus : le type varie peu; il y a un faciès général presque constant, qui ne nous a pas peu embarrassé pour déterminer les espèces. Un caractère frappant, c'est la persistance de la forme pentagonale du péristome. Tandis que, dans les rares représentants de cette famille en France, il devient oblique, s'arrondit, se déforme de toutes les manières, en Tunisie il garde sa forme inaltérée, toujours bien ouvert et entouré d'un floscelle nettement marqué et de plus en plus développé à mesure qu'on se rapproche du crétacé supérieur. Nous nous sommes efforcé de ne pas trop multiplier les types spécifiques, donnant une large place à la variété individuelle, et nous croyons être resté dans le vrai en reconnaissant, dans les nombreux matériaux que nous avons étudiés, onze espèces seulement.

Cinq appartiennent aux couches inférieures au Sénonien : *E. eddisensis*, *rotundus*, *angustior*, *inflatus*, *daglensis*; et parmi elles, les trois premières ont été recueillies antérieurement en Algérie, les deux autres sont nouvelles.

Six appartiennent aux divers horizons sénoniens : *E. Julieni*, *djelfensis*, *pseudominimus*, *rimula*, *Meslei*, *sitifensis*, ces deux dernières ne se rencontrant que dans les couches supérieures; cinq ont également été recueillies en Algérie, l'*E. rimula* seul est jusqu'à présent spécial à la Tunisie.

Aucune de ces onze espèces n'a été rencontrée en Europe, à l'exception de l'*E. daglensis* dont une espèce provençale inédite ne nous paraît pas différer sensiblement.

Catopygus gibbus Thomas et Gauthier, t. 3, fig. 4-7.

DIMENSIONS.

Longueur	Largeur	Hauteur
15 millim.	13 millim.	11 millim.
22	19	15
26	22	18

Espèce de taille moyenne, renflée et souvent gibbeuse à la partie supérieure, arrondie en avant, élargie en arrière, renflée au pourtour, plane

Échinides. 4

IMPRIMERIE NATIONALE.

à la partie inférieure. Apex excentrique en avant, à la partie la plus élevée du test. — Appareil apical trapézoïde, relativement assez développé : quatre pores génitaux dont les postérieurs sont beaucoup plus écartés que les autres. Le corps madréporiforme occupe le milieu de l'appareil, en forme de bouton. — Ambulacres pétaloïdes, mal fermés à leur extrémité, tous très larges, mais inégaux, les deux antérieurs pairs étant un peu plus courts que les autres. Zones porifères bien développées, superficielles, composées de paires de pores conjugués, l'externe en fente, l'interne rond. Dans notre plus grand exemplaire nous comptons 51 paires dans chaque zone de l'ambulacre impair, 44 dans les ambulacres pairs anté-rieurs, 51 dans les ambulacres postérieurs. L'espace interzonaire est assez développé et presque aussi large que les deux zones réunies. — Péristome excentrique en avant, placé sous le sommet, à fleur de test, pentagonal, avec floscelle bien marqué et bourrelets saillants. — Périprocte à peu près rond, situé à la face postérieure, à moitié de la hauteur totale du test, au-dessus d'un sillon peu prononcé, et comme recouvert par l'extré-mité de la carène dorsale. — Tubercules scrobiculés, petits, serrés, cou-vrant les aires ambulacraires et interambulacraires, plus gros et plus es-pacés en dessous.

RAPPORTS ET DIFFÉRENCES. Les exemplaires jeunes de notre espèce ont beaucoup d'analogie avec le *C. obtusus* Desor de même taille ; ils s'en distinguent néanmoins facilement par leurs ambulacres plus longs et leur périprocte placé un peu plus bas. Les individus adultes prennent une forme gibbeuse très caractéristique, qui augmente avec la taille. Cette particularité les rapproche du *C. Arnaudi* Cotteau ; ils s'en distinguent par leur forme moins trapue, par leurs ambulacres plus longs, par leur périprocte placé moins haut. Parmi les autres espèces sénoniennes, le *C. elongatus* Desor est beaucoup plus bas de forme et plus allongé ; le *C. fenestratus* Agassiz est plus large et plus pentagonal ; le *C. lævis* Agassiz est plus haut, arrondi mais non gibbeux, et ses ambulacres sont bien plus courts.

Nous n'avons pas rencontré le genre *Catopygus* en Algérie ; il est donc intéressant d'en constater la présence en Tunisie, et il est permis d'espérer que des recherches plus heureuses établiront qu'il existe également dans ces deux contrées voisines.

Sidi-bou-Ghanem. – Sénonien inférieur.

Le type est au Muséum de Paris.

Parapygus cassiduloïdes Thomas et Gauthier, t. 3, fig. 8-10.

DIMENSIONS.

Longueur	Largeur	Hauteur
32 millim.	23 millim.	13 millim.
32	25	15
34	26	14
47	32	15

Espèce allongée, relativement étroite, basse, à côtés presque parallèles, la plus grande largeur étant aux deux tiers postérieurs, arrondie en avant, un peu plus rétrécie en arrière. Face supérieure convexe; face inférieure presque plane, déprimée à l'endroit du péristome. Apex excentrique en avant, presque au tiers antérieur. — Appareil apical peu développé, montrant quatre pores génitaux en trapèze, entre lesquels se trouve le corps madréporiforme. — Ambulacres pétaloïdes, lancéolés, presque fermés; l'impair est plus long que les autres et s'avance presque jusqu'au bord; les deux pairs antérieurs sont les plus courts; les postérieurs s'étendent jusqu'aux deux tiers de la longueur totale. Pores petits, les internes ronds, les externes acuminés, conjugués par un sillon. L'espace interporifère, un peu plus large qu'une des zones, à fleur de test ou légèrement costulé, porte les mêmes tubercules que toute la face supérieure. — Péristome excentrique en avant, dans une dépression médiocre, presque sous l'apex, grand, pentagonal, avec bourrelets saillants; phyllodes bien développés, larges, avec quatre rangées de pores. — Périprocte petit, ovale, occupant le bord postérieur; dans quelques exemplaires, la fossette anale coupe bien le bord par le milieu, mais l'anus lui-même, étant en haut de cette fossette, s'ouvre au-dessus du bord. Ce détail a d'ailleurs peu d'importance et n'est pas assez accentué pour qu'on puisse dire que le périprocte est supramarginal. Dans un autre sujet, recueilli, croyons-nous, par M. Letourneux, au seuil de Criz, le périprocte, au lieu d'avoir une tendance à devenir supramarginal, en aurait plutôt une à devenir inframarginal. Ce désaccord n'est que le résultat de variations individuelles, et n'altère pas le type spécifique. — Tubercules très fins en dessus, plus gros en dessous, logés dans une petite fossette circulaire. Une raie lisse va du périprocte au péristome, et, sur quelques exemplaires, jusqu'au bord antérieur.

RAPPORTS ET DIFFÉRENCES. Notre plus grand exemplaire, avec sa forme allongée et rétrécie, son dessous peu creusé, la raie lisse qui s'étend sur toute la longueur de la face inférieure, ressemble à un *Cassidulus*, et particulièrement à notre *C. linguiformis* qu'on rencontre aussi dans les mêmes localités. Mais la face inférieure n'est pas réellement plate, et le périprocte est marginal et non supère. Les exemplaires de taille moins développée se rapprochent beaucoup du *Parapygus Coquandi* Cotteau et n'en diffèrent que par leur forme généralement moins élargie et leur périprocte placé un peu plus haut; ils ont aussi l'ambulacre antérieur un peu plus long, relativement aux autres; mais la physionomie des exemplaires de grande taille ne permet pas de réunir ces deux espèces. La forme des phyllodes varie un peu, ils sont tantôt plus allongés et plus ouverts, tantôt plus courts, plus larges et mieux fermés. Ces variations, d'ailleurs, s'observent également sur le *P. Coquandi*.

Djebel Aïdoudi, versant sud. – Sénonien supérieur. — Assez commun.

Le type est au Muséum de Paris.

4 .

Cassidulus linguiformis Peron et Gauthier; *Echinobrissus cassiduliformis* Peron et
　　Gauthier *in* Munier-Chalmas *Extr. de la miss. aux Chotts tunisiens*, 66 [1881]; *Cassi-
　　dulus linguiformis* Peron et Gauthier *Échin. foss. Alg.*, fasc. VIII, 16a, t. 17, fig. 7-10
　　[1881].

Espèce d'assez grande taille, arrondie en avant, subtronquée en arrière,
convexe mais peu élevée à la partie supérieure, plate ou longitudinalement déprimée à la partie inférieure. Apex excentrique en avant. — Ambulacres pétaloïdes, presque fermés à l'extrémité, semblables entre eux,
inégaux, les deux antérieurs pairs étant plus courts que les autres. Zones
porifères relativement assez larges; pores inégaux, les internes arrondis,
les externes plus allongés, conjugués par un sillon. L'aire interzonaire est
plus large que l'une des zones porifères. — Péristome excentrique en
avant, pentagonal, à fleur de test; il est entouré de bourrelets saillants et
de phyllodes lancéolés à quatre rangées de pores. Une raie lisse traverse
longitudinalement toute la face inférieure, interrompue seulement par le
péristome. — Périprocte situé à la partie postérieure, au-dessus du bord,
mais peu éloigné. Il occupe le sommet d'un sillon peu étendu et assez
large.

En décrivant cette espèce dans nos *Échinides de l'Algérie*, nous en avons déjà
signalé la présence en Tunisie, au seuil de Kriz, où elle a été recueillie par M. Dru.
M. Thomas l'a rencontrée également au Djebel Aïdoudi. Dans cette dernière localité, elle se trouve associée au *Parapygus cassiduloides*, et malgré la différence générique, les deux types ont les plus grands rapports. Sans doute, la position du
périprocte les sépare facilement; mais en faisant abstraction de ce caractère, les
exemplaires des deux espèces sont à peu près complètement identiques. C'est la
même taille, la même forme, les mêmes ambulacres, la même face inférieure, le
même péristome. Nous devons dire toutefois que le *P. cassiduloides* est un peu
plus étroit, surtout à la partie antérieure où il s'élargit moins vite, et montre par
conséquent des côtés un peu moins parallèles. Nous avons dit que le périprocte,
dans cette dernière espèce, tout en restant marginal, a une tendance à s'ouvrir
parfois au-dessus du bord : c'est un pas de plus vers le *C. linguiformis*. Néanmoins nous n'avons pas trouvé d'exemplaires intermédiaires qui puissent faire supposer qu'on peut passer d'un type à l'autre : si les deux espèces sont presque
semblables, les deux genres restent distincts.

Seuil de Kriz; Djebel Aïdoudi, versant sud. – Sénonien supérieur. — Assez
rare.

ÉCHINONÉIDÉES.

Pyrina meghilensis Thomas et Gauthier, t. 3, fig. 11-14.

DIMENSIONS.

Longueur	Largeur	Hauteur
11 millim.	11 millim.	9 millim.

Espèce de petite taille, presque circulaire, élevée, renflée en dessus et en dessous. Apex à peu près central, mais plutôt porté en arrière qu'en avant. — Appareil apical allongé, sans que les plaques génitales soient disjointes, d'ailleurs peu développé. — Ambulacres tous semblables, de moyenne largeur. Zones porifères à fleur de test, très étroites, formées de petits pores ronds, séparés par un granule et disposés par simples paires directement alignées à la partie supérieure, un peu plus irrégulières en dessous. Zone interporifère assez large, portant six rangées de petits tubercules assez distants l'un de l'autre. — Aires interambulacraires portant des tubercules semblables à ceux des aires ambulacraires. — Péristome central, à fleur de test, oblique, ovale et assez grand. — Périprocte s'ouvrant au milieu de la partie postérieure, ovale, assez grand, beaucoup plus rapproché de l'apex que du péristome.

RAPPORTS ET DIFFÉRENCES. Nous regrettons de ne posséder qu'un exemplaire de ce type, que nous n'avons pu rapporter à aucun de ceux qui ont été décrits jusqu'ici. Notre espèce se distingue tout d'abord de ses congénères par sa forme presque circulaire. Elle n'est pas sans analogie avec le *P. Paumardi* Cotteau; mais ce dernier est plus allongé, ovale; il a le péristome plus excentrique en avant, et le périprocte plus rapproché de celui-ci que de l'apex, tandis que c'est le contraire dans le *P. meghilensis*. Nous avons cru un moment pouvoir l'identifier avec une espèce, inédite d'ailleurs, recueillie dans les environs de Marseille, et qui porte dans notre collection le nom de *P. bedulensis;* mais ce type provençal est plus élargi en avant, subpentagonal, et son périprocte est également éloigné du péristome et de l'apex, tandis qu'il est plus rapproché de l'apex dans l'espèce tunisienne. Le *P. Durandi* Peron et Gauthier est beaucoup plus déprimé, la face inférieure est un peu concave au lieu d'être convexe, et le périprocte est placé plus haut.

Sommet du Djebel Meghila, zone supérieure. - Turonien ou peut-être Santonien.

Le type est au Muséum de Paris.

Pyrina Bleicheri Thomas et Gauthier, t. 3, fig. 15-18.

DIMENSIONS.

Longueur...... 20 millim. | Largeur... .... 17 millim. | Hauteur........ 14 millim.

Espèce de taille moyenne, épaisse, renflée, convexe à la partie supérieure, pulvinée en dessous, de forme subpentagonale, mais à angles arrondis. Apex à peu près central. — Appareil apical un peu allongé : quatre plaques génitales en contact; le corps madréporiforme ne s'étend pas au delà de l'antérieure de droite; les deux postérieures se rejoignent en arrière; les plaques ocellaires sont intercalées autour des génitales. — Ambulacres tous semblables, simples du sommet au péristome. Pores ronds, séparés par un granule; paires de pores petites, serrées, directement

superposées en dessus, un peu plus irrégulières en dessous. Zone interporifère de dimension moyenne, portant six rangées de tubercules assez peu
serrés. — Aires interambulacraires assez larges, portant douze rangées de
tubercules semblables à ceux de l'ambulacre. — Péristome central, ovale,
légèrement oblique de gauche à droite, à fleur de test. — Périprocte ovale,
de proportions moyennes, placé à la partie postérieure, à peine au-dessus
du milieu; il y a au-dessous une dépression peu sensible.

RAPPORTS ET DIFFÉRENCES. Notre nouvelle espèce a certainement beaucoup d'analogie avec le *Pyrina ovulum*; mais il nous a été impossible de l'identifier complètement avec ce type si connu. Comparée à une vingtaine d'exemplaires de même taille,
elle est toujours plus renflée, plus élevée en voûte à la partie supérieure, plus
courte, plus pentagonale; le périprocte est un peu moins haut. Le *P. flava* Arnaud
est plus petit, plus étroit et plus long; le *P. insularis* Arnaud est plus étroit et a le
périprocte plus haut placé; le *P. Durandi* Peron et Gauthier est moins élevé et
beaucoup plus large. Nous regrettons néanmoins de n'avoir à notre disposition
qu'un exemplaire pour établir ce nouveau type spécifique.

Bir Oum-el-Djaf, entrée nord du Khanguet. – Sénonien supérieur.

Le type est au Muséum de Paris.

Genre **ADELOPNEUSTES** Gauthier.

Forme élevée, en calotte subhémisphérique, subpentagonale à la base,
la partie antérieure étant un peu plus large que la postérieure. — Appareil apical central, probablement compact, avec corps madréporiforme au
centre, les plaques génitales en contact et les plaques ocellaires dans les
angles (toutefois la difficulté de discerner nettement cet organe sur notre
unique exemplaire peut laisser quelques doutes). — Ambulacres larges,
formés de plaques très développées, à peu près aussi hautes que larges,
par suite peu nombreuses. Pores logés par paires dans une petite fossette,
sur le côté externe de la plaque, une paire seulement par plaque : ils sont
tellement petits qu'avec une forte loupe il faut une grande attention pour
en discerner quelques paires à la partie supérieure; en dessous, ils sont
un peu plus développés, plus visibles. — Interambulacres formés de
larges plaques, dont chacune correspond à deux plaques et demie des
ambulacres. — Péristome central, petit, rond, entouré de cercles concentriques formés par les tubercules ambulacraires et interambulacraires.
— Périprocte ovale, marginal, coupant le bord postérieur.

En résumé, notre nouveau genre, par sa forme, sa face inférieure, son péristome
et son périprocte, ressemble aux *Echinoconus*. La disposition de ses plaques ambulacraires, hautes et presque carrées, avec pores à peu près invisibles, rappellerait
celle du genre *Offaster*, si les paires de pores n'étaient point placées différemment.
Le type le plus rapproché est certainement cet Échinide, d'une classification em-

barrassante, qu'Agassiz et Desor, dans le *Catalogue raisonné*, ont nommé *Carato-mus Rœmeri*[1], et que d'Orbigny a reporté ensuite parmi les *Echinoconus*[2]. Mais sa conformité avec ce dernier genre est encore contestée aujourd'hui; et, bien que M. Pomel l'ait considéré comme un des types les plus vrais du genre *Echinoconus*, tel qu'il l'entend[3], nous savons que plusieurs échinologistes des plus distingués hésitent encore sur la place à lui donner, et inclinent même à le réintégrer dans son genre primitif *Caratomus*. Il a de commun avec le genre *Adelopneustes* la forme générale, la disposition du péristome, du périprocte, des tubercules à la partie in-férieure, et les plaques hautes de ses ambulacres. Il nous paraît néanmoins difficile d'identifier les deux types : le nôtre est moins conique; ses pores ambulacraires sont tellements réduits qu'ils sont à peu près invisibles à la partie supérieure, tandis qu'ils sont largement ouverts dans le *C. Rœmeri*. Ce dernier a en outre les tuber-cules ambulacraires disposés, comme ceux des *Echinoconus*, en plusieurs rangées à la face supérieure; dans notre nouveau genre, il n'y a de chaque côté qu'une rangée, formée par un tubercule placé au centre de chaque plaque et entouré d'une couronne de granules.

Notre exemplaire pourrait-il prendre place parmi les *Caratomus* ? Agassiz, en définissant ce genre, lui attribue une forme rostrée ou subrostrée en arrière, un péristome anguleux et oblique; et d'Orbigny remarque que le périprocte est trian-gulaire. Rien de tout cela ne concorde avec notre type. Dans le *Synopsis*, Desor loue d'Orbigny d'avoir su le premier distinguer que les ambulacres des *Caratomus*, bien que très imparfaitement pétaloïdes, sont cependant bornés, et il retranche le *C. Rœmeri* de la liste, pour le reporter parmi les *Echinoconus*, qu'il sépare, comme l'a maintenu depuis M. Pomel, des *Galerites*. Le type du genre *Caratomus* reste, dans le *Synopsis* comme dans le *Catalogue raisonné*, le *C. avellana*. Or cette espèce, d'après la description comme d'après les figures de la *Monographie des Galérites* et du *Synopsis*, n'a pas les hautes plaques ambulacraires que montre d'une ma-nière si remarquable notre genre *Adelopneustes;* les exemplaires que nous possé-dons du *C. avellana* ne les montrent pas plus que les figures, et la disposition des pores, facile à discerner, est certainement différente. Dans ces conditions, il ne nous a point paru possible de rattacher notre type soit aux *Echinoconus*, soit aux *Cara-tomus*, et nous avons dû lui donner un nom générique nouveau.

Le genre *Adelopneustes* appartient à la craie la plus supérieure. Il doit prendre place dans la méthode entre les Caratomes et les Échinoconidées. Il n'est encore représenté que par une espèce, établie elle-même sur un seul exemplaire.

Adelopneustes Lamberti Thomas et Gauthier, t. 3, fig. 19-24.

DIMENSIONS.

Longueur ...... 18 millim. | Largeur........ 17 millim. | Hauteur........ 14 millim.

Espèce de petite taille, haute, convexe et arrondie à la partie supé-

[1] Page 93.
[2] *Paléont. fr.*, terr. crét., VI, 364 et 545.
[3] *Classif. méth. et Genera*, 74.

rieure, subpentagonale à la base, plus élargie en avant qu'en arrière. Bord
pulviné; face inférieure plate, déprimée à l'endroit du péristome. L'aire
ambulacraire impaire forme, à la partie supérieure, comme une carène
mousse, sensible seulement sur la moitié inférieure. Apex central. —
Appareil apical médiocrement conservé sur notre exemplaire. Il nous
paraît composé de quatre plaques génitales en contact avec madréporide au centre, et de cinq plaques ocellaires externes. — Ambulacres
égaux entre eux et tous semblables, un peu en saillie, surtout l'antérieur, larges relativement et égalant la moitié des interambulacres.
Zones porifères très réduites, très difficilement visibles à la partie supérieure, quoique le test soit très bien conservé. Plaques ambulacraires
presque aussi hautes que larges, pentagonales, peu nombreuses, de seize à
dix-sept dans chaque série de la base à l'apex. Chacune d'elles porte, au
milieu, un tubercule perforé et peut-être crénelé, entouré d'un cercle de granules assez écartés. C'est sur le côté externe que se trouvent dans une fossette
deux petits pores dont nous ne sommes parvenu à constater la présence
qu'avec une extrême difficulté. A la partie inférieure, les tubercules sont
plus développés, plus nombreux, car les plaques sont moins hautes, et les
petites fossettes porifères plus distinctes. — Aires interambulacraires formées de plaques très hautes, par suite peu nombreuses, six ou sept dans
chaque série à la partie supérieure. Elles sont un peu plus étroites en
dessous. Au-dessus du bord, les premières, qui sont les plus développées,
correspondent à un peu plus de trois assules ambulacraires; mais plus haut
elles n'équivalent qu'à deux et demie. Elles sont couvertes de tubercules très
petits, semblables à ceux des ambulacres et entourés d'un cercle de granules.
Ces tubercules sont plus développés et plus serrés en dessous, où ils concourent à former des cercles concentriques autour du péristome. — Toute
la face supérieure est en outre couverte de stries analogues à celles des
Codiopsis, mais beaucoup plus fines. — Péristome central, dans une dépression sensible, mais peu étendue, petit, rond ou à peu près. — Périprocte ovale, marginal, comme celui des *Echinoconus*.

Ce curieux Échinide, dont nous ne connaissons qu'un exemplaire, a été recueilli
par M. Thomas au Guelaat-es-Snam, versant sud, dans le crétacé le plus supérieur. Les couches qui le contiennent sont en contact avec la base du terrain tertiaire, et formées de marnes noires et grises, supérieures à la craie à Inocérames,
inférieures au Suessonien phosphaté.

Le type est au Muséum de Paris.

ÉCHINOCONIDÉES.

Echinoconus mazunensis Thomas et Gauthier, t. 3, fig. 25-28.

DIMENSIONS.

Longueur ...... 44 millim.	Largeur........ 39 millim.	Hauteur........ 27 millim.
— 62	— .... (?)	— 40

Espèce atteignant une grande taille, subconique à la partie supérieure, élargie en avant, pentagonale à la base, plate en dessous. Apex central. — Appareil apical large et bien développé; quatre pores génitaux en trapèze. Le corps madréporiforme, rattaché à la plaque génitale de droite, occupe une grande place; les trois autres plaques génitales, plus réduites, portent chacune un pore assez petit, et, entre les deux ocellaires postérieures, se trouve une petite plaque imperforée, qui représente la cinquième génitale; les ocellaires se groupent autour des autres plaques. — Aires ambulacraires occupant en largeur le tiers des aires interambulacraires. Zones porifères droites, superficielles, composées de pores arrondis, directement superposés par petites paires sur toute la face supérieure. A la face inférieure, les pores sont plus obliques, les paires plus éloignées et disposées irrégulièrement; elles ne se groupent par trois paires que près du péristome. A la face supérieure, dans la partie large de l'oursin, une plaque interambulacraire correspond à sept paires de pores, et la suivante à six, alternativement. Aire interporifère assez large, ne portant que quatre rangées verticales de tubercules très médiocres; la rangée extérieure ne montre que deux tubercules pour sept paires de pores. A l'ambitus et à la face inférieure, les tubercules sont plus serrés et plus développés. — Aires interambulacraires larges, formées de plaques élevées, à sutures apparentes, ne portant à la face supérieure, selon la taille, que dix ou douze rangées de tubercules semblables à ceux des ambulacres; ils se développent davantage et se multiplient à la face inférieure. — Péristome central, à fleur de test, peu développé, ovale, un peu oblique, subdécagonal. Les lèvres ambulacraires sont plus étroites que les interambulacraires. — Périprocte marginal, ovale, coupé par le bord, visible d'en haut et d'en bas.

RAPPORTS ET DIFFÉRENCES. La forme générale de notre espèce la rapproche de l'*E. conicus* Breyn; mais elle en diffère par plusieurs caractères : elle est moins haute, moins conique, et, dans la grande taille, c'est surtout en largeur et par la base qu'elle s'accroît, et non en hauteur, comme le fait principalement l'espèce à laquelle nous la comparons. Le nombre des tubercules est moins considérable dans les ambulacres, ils y sont plus écartés, car la rangée externe n'en compte que deux pour sept paires de pores, comme nous l'avons dit, tandis que dans l'*E. conicus*, il y en a presque autant que de paires, ou tout au moins deux pour trois. Cette rareté des tubercules établit une analogie entre notre type tunisien et l'*E. ægyptiacus* d'Orbigny ; mais ce dernier est encore plus élevé proportionnellement, sa hauteur étant plus grande que sa longueur, la base est moins développée, et, dans l'état actuel des matériaux connus, il ne saurait se confondre avec le nôtre. L'*E. mazunensis* se rapproche beaucoup plus d'une espèce encore inédite mais distincte, selon nous, et que MM. d'Ault du Mesnil et Janet ont recueillie abondamment dans la craie d'Abbeville et de Beauvais, à la base des couches à *Micraster cor-anguinum*. Cette espèce, qui porte dans notre collection le nom d'*E. Aulti* est large à la base, comme le type tunisien, fortement pentagonale ; le péristome et le périprocte sont parfaitement conformes ; les paires de pores sont aussi nombreuses à la partie supérieure ; mais les tubercules sont moins abondants dans l'espèce africaine. Nous regrettons beaucoup que l'état de nos trois exemplaires, qui sont tous déformés, ne nous permette pas une comparaison plus minutieuse : il nous paraît que l'affinité entre les deux types est grande ; nous ne croyons pas cependant qu'on puisse les réunir.

Khanguet Mazouna. – Sénonien.

Le type est au Muséum de Paris.

Echinoconus marginalis Thomas et Gauthier, t. 3, fig. 29-31.

DIMENSIONS.

Longueur ...... 26 millim. | Largeur........ 23 millim. | Hauteur........ 19 millim.

Nous ne possédons qu'un exemplaire. Il est de taille médiocre, allongé, presque ovale à la base, un peu élargi au tiers antérieur. Face supérieure renflée, mais non conique ; face inférieure plate. Apex submédian, un peu excentrique en avant. — Appareil apical assez large, à fleur de test, montrant quatre plaques génitales en contact, avec corps madréporiforme peu développé ; la cinquième plaque, imperforée, est très étroite. — Aires ambulacraires superficielles, atteignant en largeur les deux cinquièmes des aires interambulacraires. Zones porifères rectilignes, extrêmement étroites à la partie supérieure, composées de pores très petits, formant des paires serrées et directement superposées ; elles s'élargissent à la face inférieure, deviennent plus irrégulières, et se présentent par séries de triples paires. Zone interporifère large, portant de six à huit rangées de petits tubercules assez régulièrement disposés ; à la face inférieure, les tubercules se serrent davantage, sans augmenter sensiblement de volume. — Aires interambulacraires couvertes de tubercules rapprochés et formant de nombreuses séries ; ils ne sont guère plus gros à la face inférieure. — Péristome un peu excentrique en avant, à fleur de test, petit, à peine rond, légèrement oblique ; les lèvres interambulacraires sont légèrement plus larges que les ambulacraires. — Périprocte ovale, marginal, mais plutôt en dessus du bord qu'en dessous.

Rapports et différences. La forme de notre nouvelle espèce rappelle l'*E. castanea* Agassiz; mais elle s'en sépare facilement par son bord moins arrondi, par sa face inférieure plus plate, par son périprocte moins grand et placé un peu plus haut. On peut aussi la rapprocher de l'*E. vulgaris* d'Orbigny; elle est relativement moins haute, plus allongée; le péristome est plus en avant, le périprocte plus haut. Nous regrettons de n'en posséder qu'un exemplaire : peut-être même n'a-t-il pas atteint tout son développement.

Bir Knafès. — Sénonien supérieur.

Le type est au Muséum de Paris.

Discoidea Forgemoli Coquand *in Mém. Soc. émul. Provence*, II, 253 et 294, t. 24, fig. 4-6 [1862]; Brossard *Subdiv. de Sétif*, 22 [1867]; Peron *Géol. environs d'Aumale*, *in Bull. Soc. géol.*, 2ᵉ série, XXIII, 701; Nicaise *Cat. an. foss. Alg.*, 66 [1870]; Cotteau, Peron et Gauthier *Échin. foss. Alg.*, fasc. v, 164, t. 12, fig. 1 et 2 [1877]; Coquand *in Bull. Acad. Hippone*, XV, 294 [1880]; *Pithodia Forgemoli* Pomel *Genera*, 75 [1883].

Les exemplaires recueillis en Tunisie sont généralement de petite taille, mais ils reproduisent bien nettement les particularités du type spécifique. L'appareil apical a les cinq plaques génitales perforées; le péristome est étroit et placé dans une légère dépression de la face inférieure; le test est couvert d'une granulation dense et très développée qui donne à cette espèce un aspect tout particulier. Les tubercules, rangés en séries très apparentes et assez nombreuses à l'ambitus, augmentent de volume à la face inférieure, où ils sont nettement scrobiculés.

Le *D. Forgemoli* est assez abondant en Algérie, dans le Cénomanien d'Aumale, depuis le Ksenna jusqu'aux ruines du Sour-Djouab. M. Thomas, avant de le recueillir en Tunisie, l'a rencontré, ainsi que M. Le Mesle, à Berouaguia et au Djebel Guessa.

Le *D. subuculus* Klein, qui semble remplacer le *D. Forgemoli* en Europe, a de petites carènes verticales plus marquées sous les tubercules; sa granulation est plus fine, et son appareil apical ne compte que quatre plaques perforées, caractère qui suffit pour distinguer les deux espèces.

Djebel Meghila (sommet, zone inférieure). — Cénomanien.

Holectypus cenomanensis Guéranger [1859]; Cotteau, Peron et Gauthier *Échin. foss. Alg.*, fasc. v, 171 [1879]; de Loriol *Échin. crét. du Portugal*, II, 71, t. 11, fig. 4 [1888].

Espèce de moyenne et de grande taille, circulaire ou subpentagonale, peu élevée, mais de forme régulièrement conique, déprimée à la face inférieure aux environs du péristome. — Appareil apical composé de cinq plaques génitales perforées, et de cinq plaques ocellaires plus petites, entourant les premières. Le corps madréporiforme occupe le centre. — Aires ambulacraires larges, augmentant progressivement depuis le sommet jusqu'au bord. Zones porifères étroites; pores petits, disposés par simples paires assez serrées à la face supérieure, plus irrégulières en dessous. Les plaquettes ambulacraires sont toutes entières à la face supérieure, mais il n'en est pas de même en dessous, où des demi-plaques s'entremêlent aux autres. Espace interzonaire portant à l'ambitus huit rangées de petits tubercules, dont deux seulement atteignent le sommet. — Aires interambulacraires larges, granuleuses à l'ambitus, et portant un grand nombre de rangées verticales de tubercules; ils augmentent de volume à la face inférieure. — Péristome dans une légère dépression du test, circulaire, subdécagonal, de dimensions moyennes. — Périprocte placé tout entier à la face inférieure, acuminé aux deux extrémités, occupant presque tout l'espace entre le péristome et le bord.

Un de nos exemplaires de grande taille présente à la partie supérieure des cinq ambulacres un étranglement très prononcé. Ce cas pathologique donne à l'individu une physionomie inusitée.

L'*H. cenomanensis* est assez commun en Algérie; il y a été rencontré à Bou-Saada, au bordj du Cheikh Messaoud, à Aïn Baïra, au Bou Thaleb.

Djebel Cehela, assez abondant; Djebel Nouba, niveau supérieur. – Cénomanien.

Holectypus excisus Cotteau [1861]; Brossard *Subdivis. de Sétif*, 227 [1867]; Peron *in Bull. Soc. géol.*, 2ᵉ série, XXVII, 599 [1870]; Cotteau, Peron et Gauthier *Échin. foss. Alg.*, fasc. v, 169 [1879].

Forme subarrondie au pourtour, épaisse, avec la partie supérieure convexe et le dessous concave. — Appareil apical montrant cinq pores génitaux, au milieu desquels le corps madréporiforme occupe la plus grande partie de l'espace. — Aires ambulacraires presque aussi larges que la moitié des aires interambulacraires; zones porifères très étroites, à fleur de test, composées de petites paires de pores directement superposées à la face supérieure, un peu plus irrégulières, mais ne se multipliant pas à la face inférieure. Espace interzonaire large, portant quatre rangées verticales de petits tubercules au milieu d'une granulation fine et très serrée. — Interambulacres montrant de huit à dix rangées de tubercules petits, peu serrés, bien alignés, plus développés au pourtour et en dessous, entourés d'une granulation très dense. — Péristome subcirculaire, légèrement elliptique, en travers, muni d'échancrures, placé dans une dépression assez profonde. — Périprocte très grand, commençant près du péristome, et remontant au-dessus du bord jusqu'au milieu de la distance de celui-ci au sommet.

Des exemplaires, médiocrement conservés, mais qui nous paraissent semblables à ceux que nous venons de décrire, ont été recueillis à un horizon plus élevé, en compagnie d'une faune santonienne. Nous avons en vain essayé de les distinguer spécifiquement des exemplaires cénomaniens. En France et en Algérie l'*H. excisus* ne monte pas au-dessus du Cénomanien. Si l'horizon santonien où on l'a rencontré en Tunisie est bien établi, comme nous le croyons, et si nous n'avons pas été trompé par la conservation insuffisante du test, il faut admettre que cette espèce a vécu là à un niveau géologique où on ne l'a plus rencontrée ailleurs.

El-Aïeïcha; Djebel Cehela; Djebel Dagla. – Cénomanien. — Djebel Bou-Driès. – Santonien ?

Holectypus crassus Cotteau *Paléont. fr.*, terr. crét., VII, t. 1017, fig. 1-5 [1861].

Un fragment considérable, appartenant au genre *Holectypus*, nous paraît présenter tous les caractères de l'*H. crassus*. L'épaisseur du bord, la surface plate de la partie inférieure, l'exiguïté des pores ambulacraires disposés par petites paires obliques très serrées, le peu de hauteur des plaques interambulacraires, les tubercules, fins à la partie supérieure, plus gros en dessous, tout concourt à rapprocher ce fragment du type recueilli en Provence. Il ne nous reste un peu d'incertitude que par suite de l'absence du périprocte. Le rapprochement que nous faisons ne sera donc définitif que lorsqu'on aura rencontré un exemplaire plus complet.

Djebel Dagla. – Cénomanien.

Holectypus Jullieni? Peron et Gauthier *in* Cotteau, Peron et Gauthier *Échin. foss. Alg.*, fasc. vi, 85, t. 6, fig. 3-7 [1880]; Coquand *in Bull. Acad. Hippone*, XV, 303 [1880].

Un exemplaire recueilli par M. Thomas nous paraît se rapporter au type de l'*H. Jullieni*. Il présente en effet le caractère principal de cette espèce, qui consiste à avoir les tubercules extrêmement petits et clairsemés à la partie supérieure, sauf près du sommet où ils sont un peu plus développés; même au pourtour, où ils sont assez nombreux, ils restent très fins. L'*H. cenomanensis*, qui a à peu près la même forme et les mêmes dimensions, a les tubercules plus gros et plus serrés à l'ambitus, plus apparents à la face supérieure; son appareil apical est plus grand.

L'exemplaire que nous signalons a été recueilli au Djebel Semama, dans le Cénomanien. Il n'est pas complet : le bord postérieur est cassé, et nous ne pouvons pas savoir jusqu'où s'étendait le périprocte. Il nous reste donc quelque doute sur notre détermination. Le niveau stratigraphique ajoute encore à notre incertitude. Dans les *Échinides de l'Algérie*, nous avons attribué, M. Peron et moi, cette espèce au Turonien, sans pouvoir être bien affirmatifs, les exemplaires de Khenchela n'ayant pas été recueillis par nous-mêmes.

Un autre exemplaire, malheureusement en mauvais état, a été rencontré à un horizon plus élevé, au Khanguet Tefel, dans le Turonien ou le Santonien?

Holectypus turonensis Desor [1847]; Cotteau, Peron et Gauthier *Échin. foss. Alg.*, fasc. vi, 87 [1879].

Nous avons signalé la présence de l'*H. turonensis* en Algérie. M. Thomas en a recueilli quelques exemplaires en Tunisie. Leur forme plus ou moins conique, leur bord renflé, leur face inférieure concave, leur grand périprocte atteignant le bord et l'échancrant sensiblement, nous paraissent les rattacher au type décrit par M. Desor et, d'ailleurs, assez variable en Europe. A la face supérieure, les aires ambulacraires sont aussi larges que la moitié des interambulacres. Le test, un peu usé, ne nous permet pas de nous rendre exactement compte de la disposition des rangées de granules qui s'étendent entre les tubercules. L'appareil apical montre cinq pores génitaux, entourant le corps madréporiforme légèrement renflé en bouton.

Khanguet El-Oguef. – Turonien. — Djebel Meghila (sommet), zone supérieure. – Turonien ou Santonien. — Khanguet Goubel; Khanguet Safsaf; Djebel Sidi-bou-Ghanem; Bir Tamarouzit. – Santonien.

Holectypus serialis Deshayes *in* Agassiz et Desor *Cat. raisonné*, 88 [1847], et *in* Fournel *Richesse minéralog. de l'Alg.*, 373, t. 18, fig. 40 et 41 [1849]; d'Archiac *Hist. progr. de la géol.*, V, 459 [1853]; Desor *Synopsis*, 174, t. 23, fig. 6 et 7 [1858]; Cotteau *Paléont. fr.*, terr. crét., VII, 59, t. 1017, fig. 6-12 [1861]; Coquand *in Mém. Soc. émul. Provence*, II, 255, t. 23, fig. 14-16 [1862]; Brossard *Subdiv. de Sétif*, 237 [1867]; Lartet *Paléont. Palestine*, t. 13, fig. 20-23 [1869]; Peron *in Bull. Soc. géol.*, XXVII, 599 [1870]; Nicaise *Cat. an. foss. Alg.*, 71 [1870]; Coquand *in Bull. Acad. Hippone*, 417 [1880]; Cotteau, Peron et Gauthier *Échin. foss. Alg.*, fasc. vii, 88 [1881].

Cette espèce, commune en Algérie, et dont la description a été donnée plusieurs fois, se présente en Tunisie au même horizon et avec les mêmes caractères. Il nous paraît donc inutile de la décrire de nouveau. Nous n'insisterons que sur une particularité. Les exemplaires recueillis au Djebel Aïdoudi ont tous, à la partie supérieure, les sutures des plaques interambulacraires très apparentes, au point que l'on croirait presque y trouver des traces d'incisions. Le terrain qui renferme ces Échinides est sableux et très dur; les fossiles qui se dégagent peu à peu restent longtemps attachés à la roche, exposés au frottement du sable et à l'action des phénomènes atmosphériques. Ce sont probablement les causes de l'état que nous signalons. D'ailleurs l'*H. serialis* semble se prêter facilement à cette érosion des sutures. Nous possédons des exemplaires recueillis en Algérie, aux Tamarins, dans le département de Constantine, sur lesquels cette même particularité se reproduit d'une manière très sensible. Nous ne voyons donc là qu'un accident de fossilisation qui n'a aucune valeur spécifique.

Djebel Dernaïa, versant nord; Djebel Aïdoudi, versant sud; Djebel Meghila (sommet), zone supérieure; Djebel Sidi-bou-Ghanem. – Santonien.

Holectypus corona Thomas et Gauthier, t. 3, fig. 32-34.

DIMENSIONS.

Diamètre....... 25 millim. | Hauteur .... 15 millim. | Péristome....... 6 millim.

Espèce de taille moyenne, renflée, presque hémisphérique, très épaisse et arrondie au bord inférieur, à peu près plane en dessous. — Appareil apical peu développé, présentant cinq plaques génitales entourant le madréporide, et cinq plaques ocellaires, très petites, placées aux angles externes. — Aires ambulacraires bien développées, légèrement renflées, occupant en largeur à peu près la moitié des aires interambulacraires. Zones porifères rectilignes, étroites, formées de pores ronds très petits, disposés par simples paires directement superposées, déviant de la ligne droite près du péristome, mais ne s'y multipliant pas. A l'ambitus, sept plaques ambulacraires correspondent à deux interambulacraires. Espace interzonaire offrant, au pourtour, deux rangées principales de tubercules de chaque côté. Ils sont assez développés pour le genre, homogènes, et diminuent un peu près du sommet. Entre ces rangées, on voit encore au milieu de l'aire deux rangées secondaires, dont les tubercules sont moins développés et ne s'élèvent pas jusqu'au sommet. — Aires interambulacraires portant à la partie la plus large dix rangées de tubercules semblables à ceux de l'ambulacre, dont les séries internes sont moins développées que les autres. Deux seulement atteignent le sommet, les autres disparaissent à mesure que le test se rétrécit. — Péristome petit, subcirculaire, placé dans une faible dépression, marqué de dix entailles peu sensibles. Les lèvres ambulacraires sont un peu moins étendues que les interambulacraires. — Périprocte elliptique, étroit, petit, ne commençant qu'à 3 millimètres du péristome et ne s'étendant pas jusqu'au bord; il ne mesure guère que 5 millimètres de longueur.

RAPPORTS ET DIFFÉRENCES. La forme renflée de notre nouveau type et la position stratigraphique qu'il occupe nous amènent naturellement à le comparer à l'*H. subcrassus* Peron et Gauthier. Il s'en distingue facilement par sa forme plus renflée, par son pourtour plus arrondi, par ses rangées de tubercules moins nombreuses, par son périprocte beaucoup moins développé. Ce dernier caractère l'éloigne encore plus de l'*H. turonensis* Desor, et sa forme ne permet pas de le rapprocher de l'*H. serialis* Deshayes. Ce type nous a paru distinct de tous ceux qui sont connus.

Bir Magueur (Cherb occidental). – Sénonien supérieur.

Le type est au Muséum de Paris.

RÉSUMÉ SUR LE GENRE HOLECTYPUS.

Le genre *Holectypus* a donné sept espèces :

Trois appartiennent à l'étage cénomanien : *H. cenomanensis, excisus, crassus;* toutes trois ont été rencontrées en Europe, mais les deux premières seulement en Algérie.

L'*H. Jullieni*, que nous avons considéré comme turonien en Algérie, est représenté par un exemplaire douteux dans le Cénomanien de Tunisie.

L'*H. turonensis* se trouve dans le Turonien et le Santonien et a été rencontré en Europe et en Algérie.

L'*H. serialis* est sénonien, ainsi qu'en Algérie et en Provence?

Enfin l'*H. corona* est un type nouveau du Sénonien supérieur.

CIDARIDÉES.

Cidaris Dixoni Cotteau *Paléont. fr.*, terr. crét., VII, 238, t. 1051, fig. 7-8.

Cette espèce n'est représentée jusqu'à présent en Tunisie que par un radiole d'assez grande dimension, un peu plus allongé que celui qui est figuré dans la *Paléontologie française*. Le corps du radiole est couvert dans sa moitié inférieure de stries horizontales, sinueuses, qui lui donnent un aspect imbriqué; dans la moitié supérieure, les squames se changent en épines saillantes, dirigées vers le haut, et formant des rangées plus ou moins régulières. Les deux extrémités du radiole nous manquent.

Le *C. Dixoni* a été recueilli en France au Havre, et à Cassis près de Marseille, dans les premières couches de l'étage cénomanien. M. Thomas a rencontré le radiole que nous venons de décrire au Djebel Semama, dans de minces couches marneuses, surmontant les grès à *Orbitolina lenticulata*.

Cidaris daglensis Thomas et Gauthier, t. 4, fig. 1-4.

Test inconnu. Nous ne possédons que des fragments de radioles.

Radiole aplati, de longueur inconnue, large de 6 millimètres dans un fragment qui n'atteint pas 2 millimètres d'épaisseur. Facette articulaire lisse; bouton assez saillant, crénelé, de forme plus ou moins elliptique; il n'est complètement rond sur aucun de nos exemplaires. Collerette courte, finement striée, limitée par un anneau bien visible. La tige est ensuite aplatie, et présente deux faces très différentes. D'un côté, sans doute le dessous du radiole, des lignes délicates, rapprochées, de petites épines qui forment des séries régulières, dont l'intervalle est finement granulé; dans la partie large du radiole, cette face est le plus souvent concave; de l'autre côté, des séries longitudinales d'épines beaucoup plus grosses, mousses, dont les rangées sont séparées par des stries longitudinales; cette face est légèrement convexe. Les tranches sont ornées d'épines plus fortes encore, plus acérées et assez rapprochées.

RAPPORTS ET DIFFÉRENCES. Nous avons soigneusement examiné les figures données par M. de Loriol pour le *Rhabdocidaris Crameri* [1], qui provient du Sénonien d'Égypte. Bien qu'il y ait quelques rapports entre plus d'un de ces radioles et les nôtres, nous ne trouvons sur aucun, ni dans la minutieuse description de l'auteur, ni dans la planche, la mention des aspects si différents des deux faces, ni les épines fortes et acérées qui ornent toujours le bord de notre espèce. Il n'y a donc pas lieu de les assimiler. D'un autre côté, nous ne connaissons dans les terrains crétacés aucun autre radiole qui se rapproche de ceux que nous venons de décrire. On rencontre des formes analogues, mais généralement plus épaisses, dans quelques radioles secondaires d'espèces jurassiques, telles que *Rhabdocidaris caprimontana* et *copeoides;* mais un tel rapprochement est inutile, la provenance du *C. daglensis* ne pouvant permettre de le réunir à des espèces jurassiques. Peut-être que des recherches ultérieures apporteront des matériaux précieux pour la connaissance plus complète de notre espèce.

Djebel Dagla, près de Feriana. – Cénomanien supérieur?

---

[1] *Notes pour servir à l'étude des Échinodermes*, 2° fasc., 60, t. 7, fig. 9-21.

Cidaris subvesiculosa d'Orbigny [1850]; Cotteau, Peron et Gauthier *Echin. foss. Alg.*, fasc. vi, 89, fasc. vii, 91, fasc. viii, 166.

M. Thomas a recueilli quelques radioles dont l'attribution au *C. subvesiculosa* ne nous paraît pas douteuse. La tige est subcylindrique, allongée, mince, garnie dans toute sa longueur de rangées régulières, serrées, de petites épines plus ou moins acérées, laissant entre elles un étroit sillon granuleux. Collerette courte, épaisse, couverte de stries longitudinales très fines; bouton peu saillant, facette articulaire lisse.

Ces radioles présentent tous les caractères de ceux qu'on rencontre en Algérie aux Tamarins et au Kef Matrek, ainsi qu'en Europe.

Djebel Aïdoudi, base nord. – Santonien. — Chebika. – Dordonien.

Rhabdocidaris angulata Peron et Gauthier t. 4, fig. 5-7; *Cidaris angulata* Peron et Gauthier *Échin. foss. Alg.*, fasc. v, 178, t. 12, fig. 13-16 [1879]; Coquand *in Bull. Acad. Hippone*, XV, 313 [1880].

DIMENSIONS.

Diamètre	Hauteur	Péristome
23 millim.	14 millim.	10 millim.

Espèce de petite taille, peu élevée, renflée au pourtour, déprimée en dessus et en dessous. — Zones porifères sinueuses, relativement assez larges, un peu déprimées. Les pores sont conjugués par un sillon très prononcé, et les paires séparées par une cloison saillante qui borde les sillons. L'espace interzonaire, à peine plus large qu'une des zones, porte quatre rangées de granules très réguliers et parfaitement égaux. Cependant, aux approches de l'appareil et du péristome, les deux rangées du milieu s'altèrent un peu: les granules deviennent alternes, puis ne forment plus qu'une rangée, ce qui réduit le tout à trois rangées régulières, avec quelques granules atrophiés dans les angles. — Aires interambulacraires médiocrement étendues, portant deux rangées de tubercules assez développés, perforés et sans crénelures, entourés de scrobicules entiers, au nombre de six par rangée. Ces tubercules se montrent déjà assez gros dès le péristome; à la partie supérieure, un seul est atrophié pour les deux rangées. Les scrobicules sont entourés d'une couronne de gros granules serrés, au nombre de dix-huit sur les plaques coronales. La zone miliaire est très étroite et ne se compose que de quelques verrues ou granules resserrés entre les cercles scrobiculaires. — L'appareil apical manque; il était assez étendu. — Péristome de dimension moyenne, subdécagonal, sans entailles.

Nous avons entre les mains deux exemplaires du test, bien conservés; nous venons de décrire le plus grand. L'autre, à peine plus petit, offre une légère différence dans les granules ambulacraires, dont les deux rangées du milieu ne sont

Échinides.   5

pas aussi exactement égales aux extérieures. Celte différence, d'ailleurs, est peu considérable, et tous les autres caractères sont parfaitement concordants.

Dans les mêmes couches M. Thomas a recueilli plusieurs radioles entiers, bien conservés. Ils appartiennent certainement à l'espèce que nous venons de décrire; car quelques fragments de radioles, encore adhérents à l'un de nos exemplaires, sont identiques à ceux dont nous venons de parler. Il se trouve en même temps que ces radioles sont les mêmes que ceux qui ont été décrits dans les *Échinides fossiles de l'Algérie*, en 1879, sous le nom de *Cidaris angulata*. Nous avons par conséquent donné au test le nom spécifique que portaient les radioles.

Tige assez grêle, longue de 40 à 50 millimètres, presque ronde près de la collerette, mais présentant ensuite trois arêtes épineuses divisant la tige en trois faces; l'une est convexe et couverte de séries régulières de très petits granules, souvent confondus; les deux autres faces, plus plates, portent des séries de granules plus développés. Les arêtes sont saillantes et dentelées. L'extrémité du radiole s'amincit, et les arêtes deviennent naturellement moins vives. Facette articulaire lisse; bouton peu saillant, couvert de stries fines, ainsi que la collerette qui est marquée d'un anneau.

RAPPORTS ET DIFFÉRENCES. Le *R. angulata* doit être comparé au *R. Schlumbergeri* Cotteau, recueilli à Piédemont, et décrit une seconde fois par M. de Loriol dans les *Échinides du Portugal*. L'exemplaire de M. Cotteau est plus petit que les nôtres, et il s'en distingue assez facilement par ses granules ambulacraires plus irréguliers dans les rangées internes, et par sa zone miliaire plus développée quoique l'individu soit plus petit. Le test décrit par M. de Loriol est au contraire de grande taille, assez mal conservé. La description indique que les granules des deux séries internes sont plus petits que les autres, parfois un peu irréguliers, tandis que les granules externes, d'abord relativement petits, prennent plus de développement vers la face inférieure, et deviennent assez volumineux et nettement mamelonnés. Cet accroissement de volume n'existe pas dans le *R. angulata*, mais quelques granules de la base des ambulacres sont mamelonnés. Sur l'exemplaire de Portugal, la zone miliaire est large, très déprimée au milieu, ce qui suffit pour distinguer le *R. Schlumbergeri* de l'espèce tunisienne, où la zone miliaire n'existe pas, pour ainsi dire. Il faut ajouter que nous comptons dix-huit gros granules dans la couronne scrobiculaire, et que le tubercule grossi, dessiné par M. de Loriol, n'en montre que douze, quoique provenant d'un exemplaire de plus grande taille.

Djebel Taferma (Cherb central). — Cénomanien.

En Algérie, les radioles du *R. angulata* ont été recueillis par M. Peron dans le Cénomanien de Bou-Saada.

Le type est au Muséum de Paris.

SALÉNIDÉES.

Salenia tunetana Thomas et Gauthier, t. 4, fig. 8-13.

DIMENSIONS.

Diamètre		Hauteur		Péristome	
Diamètre.......	14 millim.	Hauteur........	10 millim.	Péristome.....	5 millim.
—	 17	—	 11	—	 6
—	 20	—	 14	—	 9
—	 20	—	 15	—	 9
—	 24	—	 18	—	 9

Espèce atteignant une assez grande taille, élevée, à pourtour circulaire, quelquefois subpentagonal, à flancs presque verticaux, déprimée en dessus et en dessous. Appareil apical de proportions moyennes, plutôt peu étendu que grand. Les cinq plaques ocellaires sont assez développées, triangulaires, à bords onduleux. Plaques génitales granuleuses, les trois antérieures grandes et pentagonales, les deux postérieures plus réduites. Pores largement ouverts, à quelque distance du bord. Plaque suranale coupée par le milieu; périprocte grand, subtriangulaire, oblique et rejeté à droite de l'axe antéro-postérieur. La plaque génitale antérieure de droite porte, dans une petite cavité subcirculaire, le corps madréporiforme; il est assez étendu pour le genre et nettement visible. Des impressions assez nombreuses, mais peu élargies, couvrent les sutures des plaques, et le pourtour de l'appareil entier est ondulé. — Aires ambulacraires étroites et sinueuses. Zones porifères étroites, onduleuses dans tout leur parcours, formées de pores arrondis, séparés dans chaque paire par un granule; un petit sillon qui va d'un pore à l'autre passe à la base du granule et marque la suture des plaques. Espace interzonaire médiocrement élargi, orné sur le bord, de chaque côté, d'une rangée de granules régulièrement disposés, égaux, sauf près du péristome où ils sont un peu plus gros. Entre ces deux rangées s'étend une granulation très fine, serrée, à peu près homogène, couvrant tout l'espace libre, sans aucune tendance à une disposition sériée. — Aires interambulacraires assez larges, portant deux rangées de gros tubercules, crénelés, imperforés, entourés de scrobicules circulaires. Dans nos plus grands exemplaires, il y a sept tubercules par rangée; les deux plus rapprochés du péristome sont les moins développés, et, des deux supérieurs qui avoisinent le sommet, un seul est atrophié. Zone miliaire médiocre, à peu près d'égale largeur sur toute la longueur de l'aire, couverte de verrues et de petits granules irrégulièrement disposés. — Péristome à fleur de test, peu développé, subdécagonal, marqué de dix entailles bien visibles.

RAPPORTS ET DIFFÉRENCES. Le *S. tunetana* est très voisin du *S. batnensis* Peron et Gauthier qu'on trouve en Algérie au même horizon : tous deux ont une forme subcylindrique, la même ornementation des aires ambulacraires, et sont pourvus d'un corps madréporiforme bien déterminé, ce qui est rare dans le genre *Salenia*.

Néanmoins il est facile de distinguer les deux espèces. Le *S. batnensis* est plus haut, plus vertical; son appareil apical est plus petit, son péristome un peu plus grand, et, à taille égale, inférieure même, il a toujours un tubercule interambulacraire en plus; les cercles scrobiculaires sont moins entiers, et sont formés cependant d'un plus grand nombre de granules, quinze au lieu de douze. Les espèces européennes offrent des rapports moins étroits. Le *S. Choffati* de Loriol, qui, comme notre espèce, a une forme élevée, peu renflée au pourtour, et des ambulacres très sinueux, s'en éloigne encore plus que le *S. batnensis* par ses aires ambulacraires étroites, sans granules intermédiaires, par ses zones miliaires très restreintes. Le *S. lusitanica*, du même auteur, a la partie supérieure plus conique; les aires ambulacraires sont également dépourvues de granules intermédiaires; la zone miliaire est peu développée et le nombre des tubercules est moindre. Le *S. prestensis* Desor atteint la même taille; mais le pourtour est plus renflé, l'appareil plus étendu et tout autrement orné, les aires ambulacraires sont moins flexueuses. Le *S. petalifera* Agassiz a quatre rangées régulières de granules entre les zones porifères, les ambulacres sont plus larges et plus droits. Le *S. scutigera* Gray est plus acuminé; ses ambulacres sont plus étroits, son appareil est plus large, son péristome plus grand, les tubercules interambulacraires sont moins nombreux.

Djebel Taferma (Cherb. central). — Cénomanien. — Abondant.

Le type est au Muséum de Paris.

Salenia driesensis Thomas et Gauthier, t. 4, fig. 14-18.

DIMENSIONS.

| Diamètre | 19 millim. | Hauteur | 10 millim. | Péristome | 9 millim. |

Espèce d'assez grande taille, large, peu élevée, déprimée à la partie supérieure, plate en dessous. — Appareil apical assez développé, dentelé irrégulièrement au pourtour, composé de cinq plaques génitales irrégulières, portant un pore amplement ouvert à peu près au milieu, et d'une plaque suranale, de médiocre dimension, occupant le centre et rejetant le périprocte obliquement à droite. Les cinq plaques ocellaires sont subtriangulaires, et sont logées dans les angles du pourtour. Sutures marquées d'impressions linéaires, allongées, perpendiculaires, et de trous qui donnent à l'ensemble un aspect persillé. Corps madréporiforme bien visible, assez grand, placé dans une déchirure irrégulière de la plaque génitale antérieure de droite. — Aires ambulacraires larges de 3 millimètres, égalant les trois huitièmes des aires interambulacraires, droites, un peu déprimées. Zones porifères relativement assez larges, rectilignes, formées de pores ronds disposés en paires régulières, un peu obliques, et directement superposées. Les paires ne se multiplient pas à l'approche du péristome.

Zone interporifère portant deux rangées de gros granules, nombreux, bien alignés, ne laissant entre elles qu'un espace étroit, dans lequel on distingue d'autres granules moins volumineux, assez nombreux, inégaux, les plus développés aux angles des plaques. — Aires interambulacraires larges, renflées, portant deux rangées de tubercules primaires, crénelés, imperforés, au nombre de sept, dont trois plus développés occupent le milieu de la série. Ils sont entourés de scrobicules bien visibles. Entre les deux rangées, se trouve une zone miliaire étendue, de même largeur depuis le sommet jusqu'aux abords du péristome, où elle est fermée par les deux derniers tubercules. Elle est couverte de granules assez gros, inégaux, nombreux, dont les plus importants forment la couronne scrobiculaire autour des tubercules. — Péristome assez grand, à fleur de test, marqué de fortes entailles. — Périprocte subtriangulaire, placé obliquement dans l'appareil apical, en dehors de l'axe antéro-postérieur.

RAPPORTS ET DIFFÉRENCES. Par son appareil apical marqué d'incisions linéaires perpendiculaires aux sutures, notre nouvelle espèce rappelle certains individus exceptionnels du *S. scutigera*, tels que celui dont l'appareil est figuré dans la *Paléontologie française*, t. 1037, fig. 10; mais elle s'en distingue facilement par sa forme plus large et beaucoup moins élevée, par ses ambulacres droits, et montrant d'assez gros granules entre les rangées principales. Elle se rapproche davantage du *S. tunetana* que nous avons décrit plus haut; elle en diffère par sa forme moins élevée, par son appareil apical plus dentelé au pourtour, portant des incisions plus nombreuses et toutes différentes, par ses ambulacres non sinueux, offrant entre les deux rangées des granules moins nombreux et moins fins, par la zone miliaire de ses interambulacres plus large, plus garnie, par son pourtour plus renflé et moins cylindrique. Nous n'avons entre les mains qu'un exemplaire; mais, tel qu'il est, il nous a paru se distinguer de tous ses congénères par des caractères importants, et nous n'hésitons pas à en faire un type spécifique nouveau.

Djebel Bou-Driès, versant nord. – Santonien.

Le type est au Muséum de Paris.

Salenia scutigera Gray [1835], Munster sp. [1826]; Peron *in Bull. Soc. géol.*, 2ᵉ série, XXVIII, 601 [1870]; Cotteau, Peron et Gauthier *Échin. foss. Alg.*, fasc. VII, 116; fasc. VIII, 138 [1881-1883].

Nous rapportons à cette espèce trois exemplaires assez mal conservés, mais qui nous paraissent s'y rattacher par tous les caractères que nous pouvons discerner. La partie supérieure est légèrement subconique, l'appareil grand, le périprocte sensiblement rejeté en arrière; les sutures des plaques apicales sont bien apparentes et marquées d'incisions transverses. Les aires ambulacraires sont droites, avec deux rangées de granules primaires assez rapprochées pour ne laisser entre elles qu'un espace à peine appréciable, où l'on aperçoit quelques petits granules ou verrues. Les tubercules interambulacraires, au nombre de quatre, cinq ou six, selon la taille

de l'individu, sont entourés de scrobicules qui touchent les aires ambulacraires. Tous ces caractères, qui conviennent au *S. scutigera*, nous enga-
gent à réunir nos trois exemplaires à cette espèce. Ils proviennent du
Djebel Dagla, près de Feriana, probablement dans le Turonien.

Un autre exemplaire, toujours aussi mal conservé, a été recueilli à un
niveau plus élevé, dans le Santonien de la base nord du Djebel Aïdoudi.
L'appareil montre les sutures des plaques marquées de petits trous; les
aires ambulacraires très étroites portent deux rangées de granules; et, entre
les gros tubercules de l'interambulacre, se trouve une zone miliaire garnie
sur les bords de granules assez grossiers et inégaux, tandis qu'ils sont
plus petits au milieu. Cet exemplaire nous paraît bien conforme au type
européen.

Le *S. scutigera* a aussi été rencontré en Algérie.

DIADÉMATIDÉES et CYPHOSOMATIDEES.

Heterodiadema libycum (Desor) Cotteau *Paléont. fr.*, terr. crét., VII, 52₂, t. 112₄
[1864]; *Pseudodiadema batnense* Coquand *in Mém. Soc. émul. Provence*, II, 257, t. 28,
fig. 1-4 [1862]; *Pygaster batnensis* ibid., 328; *Heterodiadema libycum* Brossard *Subd.
de Sétif*, 227 [1867]; Cotteau, Peron et Gauthier *Échin. foss. Alg.*, fasc. v, 201, t. 15,
fig. 5 [1879].

Nous ne reviendrons pas sur la description de cette espèce bien connue; nous nous
bornerons aux observations suivantes : les exemplaires nombreux recueillis au Djebel
Taferma sont tous de petite taille, et l'incision supérieure, produite par les plaques
de l'appareil apical, ne pénètre pas au même degré dans l'aire interambulacraire
postérieure. Nous avons déjà signalé cette variété de petite taille à Bou-Saada.
Elle y occupe une couche un peu inférieure aux autres gisements, et il en est de
même en Tunisie, car, avec les sujets de petite taille du Taferma, il nous est parvenu un fragment beaucoup plus développé, recueilli dans une couche supérieure.
Aujourd'hui, comme en 1879, nous ne croyons pas qu'il y ait lieu de séparer spécifiquement ces exemplaires moins développés des plus grands qu'on rencontre
ailleurs. Les détails du test sont les mêmes, et la réduction de l'entaille interambulacraire se retrouve dans d'autres localités sur les jeunes qu'on recueille au
milieu des plus grands individus de l'espèce. Dans les autres gisements les
exemplaires atteignent leur développement normal, et la conformité est complète
avec les sujets recueillis en Algérie.

Djebel Cebela; Khanguet Ceket, versant nord; El-Aïeicha; Djebel Taferma
(Cherb), versant sud. – Cénomanien.

Diplopodia cherbensis Thomas et Gauthier, t. 4, fig. 19-21.

DIMENSIONS.

Diamètre....... 35 millim. | Hauteur....... 17 millim. | Péristome...... 11 millim.

Nous décrivons cette espèce d'après un exemplaire unique et incomplet. — Forme subcirculaire, arrondie au pourtour, assez élevée, pulvinée à la face inférieure, avec dépression sensible à l'endroit du péristome. La partie supérieure manque. — Zones porifères étroites à la partie inférieure, formées de paires de pores directement superposées, disposées en arcs à peine infléchis de quatre et cinq paires. Immédiatement au-dessus de l'ambitus, les paires affectent une disposition bisériée, bien nette, que l'état de notre exemplaire ne nous permet pas de suivre jusqu'au sommet. Tubercules ambulacraires formant deux rangées, gros, fortement mamelonnés, perforés et crénelés, parfois même radiés, au nombre probable de douze ou treize par série. Des granules bien développés, inégaux, les plus gros aux angles des plaques, forment une ligne simple en zigzag au milieu de l'aire; quelques-uns s'étendent aussi horizontalement entre les tubercules. La largeur de l'aire ambulacraire atteint, au pourtour, les deux tiers de celle de l'interambulacraire. — Interambulacres portant deux rangées de tubercules semblables à ceux des ambulacres, de même dimension, et en nombre presque égal. En dehors de ces rangées primaires, s'étend de chaque côté une rangée de tubercules secondaires, un peu moins gros, bien développés néanmoins, fortement mamelonnés, crénelés et perforés. Ces rangées secondaires ne s'élèvent guère au-dessus de l'ambitus et ne comptent que sept tubercules, dont les trois plus rapprochés du péristome sont bien plus petits. Au-dessus, il paraît n'y avoir eu que de gros granules qui se fondent vite dans la granulation générale. Les tubercules des rangées principales s'écartent peu en approchant du sommet, et ne laissent entre eux qu'une zone miliaire médiocre, occupée par deux rangées anguleuses de granules assez gros et inégaux. Entre les rangées principales et les rangées secondaires, la ligne de granules est simple et assez semblable à celle qui existe dans l'ambulacre. Près des zones porifères, on voit encore de gros granules aux angles des plaques. — Péristome déprimé, de grandeur moyenne, mal dégagé sur notre unique exemplaire. Les autres détails font défaut.

RAPPORTS ET DIFFÉRENCES. Bien qu'incomplet, notre oursin nous a paru former un type spécifique nouveau qu'il nous a été impossible de rapporter à aucun de ceux qui sont connus. Le groupe des *Diplopodia Malbosi*, *dubia*, *Brongniarti*, *variolaris*, en diffère sensiblement par ses tubercules moins gros et formant des rangées plus nombreuses. Le *D. Deshayesi* se rapproche peut-être davantage de notre espèce, mais les exemplaires les plus développés n'atteignent pas la taille du nôtre; les tubercules sont plus petits, et les deux rangées principales, dans l'interambulacre, laissent entre elles une zone miliaire plus large. Le *D. marticensis* Cotteau, de même taille, a les tubercules plus serrés, plus nombreux, et les rangées secondaires montent plus haut; le *D. lusitanica* de Loriol ne concorde pas mieux avec notre espèce ; sa zone miliaire est bien plus large.

Djebel Oum-Ali dans le Cherb. – Niveau à trigonies et à *Enallaster Tissoti*.
Le type est au Muséum de Paris.

Diplopodia Deshayesi de Loriol *Échin. crét. du Portugal*, 37, t. 6, fig. 9-10, et t. 7,
fig. 1 [1887]; *Pseudodiadema Deshayesi* Cotteau *Paléont. fr.*, terr. crét., VII, 501,
t. 1121, fig. 1-5 [1864].

Nos exemplaires offrent des différences de taille assez sensibles, le plus
petit ayant 10 millimètres de diamètre, et les plus grands, 20; ils présentent ainsi les variations signalées si judicieusement par M. de Loriol.
Les plus petits correspondent bien à la description donnée par M. Cotteau :
les aires ambulacraires sont munies de deux rangées de tubercules rapprochés, se touchant par la base, au nombre de onze ou douze par série.
Les zones porifères, droites, ne montrent, tout près de l'apex, que
quelques paires sortant un peu de l'alignement, tandis que la déviation
est plus considérable aux approches du péristome. Les aires interambulacraires portent deux rangées principales de tubercules crénelés et perforés, à peine plus gros à l'ambitus que les tubercules ambulacraires, et,
de chaque côté, une rangée externe de tubercules secondaires, beaucoup
moins développés, très rapprochés des zones porifères, et montant plus
haut que l'ambitus, quelques-uns même jusqu'au sommet. La zone
miliaire, sans être trop rétrécie, ne s'évase pas beaucoup près du
sommet.

Dans les exemplaires de 20 millimètres, la disposition des tubercules
reste la même, sauf qu'ils sont naturellement plus développés, et qu'il y
en a deux ou trois de plus. Dans les interambulacres les tubercules secondaires sont plus accentués, et il y en a trois à l'ambitus plus gros que les
autres. La zone miliaire est aussi plus large près du sommet, mais les
granules y sont clairsemés. Par contre, les zones porifères montrent à la
partie supérieure un dédoublement très prononcé, exactement semblable
à celui qu'a signalé M. de Loriol. Les paires de pores, qui au-dessous de
l'ambitus n'étaient qu'au nombre de trois par tubercule, assez directement
superposées, sont au nombre de quatre à partir du cinquième tubercule,
et se disposent sur deux rangs à la partie supérieure.

Nous ne voyons aucun caractère particulier qui nous permette de séparer nos
exemplaires de Tunisie de ceux du Portugal; un exemplaire moyen, mesurant
15 millimètres de diamètre, nous montre les paires de pores commençant à dévier sensiblement près du sommet, et relie ainsi les grands individus à pores bisériés aux jeunes qui les ont presque simples; il n'est donc pas douteux qu'ils n'appartiennent tous à la même espèce.

Djebel Taferma (Cherb occidental). – Cénomanien.

Diplopodia semamensis Thomas et Gauthier, t. 4, fig. 22-25.

DIMENSIONS.

Diamètre....... 35 millim. | Hauteur........ 12 millim. | Péristome....... 11 millim.

Espèce circulaire ou subpentagonale, basse, déprimée en dessus, fortement creusée à l'endroit du péristome. — Zones porifères droites, très resserrées depuis le péristome jusqu'à l'ambitus, où elles sont composées de paires de pores simples, directement superposées, ne formant point d'arcs, au nombre de trois par tubercule ambulacraire. Au-dessus de l'ambitus, la zone s'élargit tout à coup, les paires forment deux rangées bien distinctes. Zones interporifères étroites, légèrement renflées, portant deux rangées de tubercules crénelés et perforés, de médiocre dimension, au nombre de vingt-deux ou vingt-trois par rangée. Ils sont un peu plus développés à l'ambitus. Quelques granules inégaux s'étendent entre les deux séries et pénètrent même horizontalement entre les tubercules. — Aires interambulacraires larges, portant huit rangées de tubercules crénelés et perforés, à peu près semblables à ceux des ambulacres, comme eux un peu plus développés au pourtour. Ils sont de même grosseur dans toutes les rangées. Les deux séries du milieu, séparées par un faible espace à la partie inférieure, vont en divergeant jusqu'au sommet, que seules elles atteignent, en y rejoignant le bord des zones porifères; elles comptent environ 22 tubercules chacune. Les trois autres séries de chaque côté s'arrêtent successivement plus bas, à l'endroit où l'obliquité qui résulte de leur divergence les fait aboutir aux zones porifères; la plus courte dépasse à peine l'ambitus. Zone miliaire granuleuse, déjà bien indiquée à la face inférieure, s'élargissant ensuite jusqu'au sommet, où elle est déprimée et presque nue. — Péristome de médiocre grandeur, très enfoncé, faiblement entaillé. — L'empreinte laissée par l'appareil est pentagonale et assez grande.

RAPPORTS ET DIFFÉRENCES. Nous ne possédons qu'un exemplaire de cette remarquable espèce, et encore n'est-il pas complet. Elle nous paraît se distinguer facilement de ses congénères par ses zones porifères droites à la partie inférieure, n'ayant que trois paires de pores par tubercule ambulacraire, puis formant au-dessus de l'ambitus deux séries bien distinctes, et par le nombre de ses rangées de tubercules interambulacraires, s'élevant jusqu'à huit, toutes à tubercules égaux, sur un sujet qui ne mesure que 35 millimètres de diamètre. Nous nous sommes d'abord demandé si nous n'étions pas en présence d'un exemplaire plus grand du *D. Deshayesi* que nous venons de décrire; mais ce rapprochement ne nous paraît pas possible. Avec un diamètre de 20 millimètres, le *D. Deshayesi* ne montre que quatre rangées de tubercules interambulacraires; les rangées externes ont les tubercules plus petits que les principales, et celles-ci n'en comptent que douze; les zones porifères sont moins droites dans la partie simple au-dessous de l'ambitus, le péristome est bien moins enfoncé et mieux entaillé. On ne peut pas davantage confondre notre espèce avec le *D. variolaris* Brongniart, qui, même à un diamètre de 40 millimètres, n'a que six rangées de tubercules interambulacraires, et dont les zones porifères sont plus arquées à la partie inférieure.

Djebel Semama, extrémité occidentale, marnes supérieures. − Cénomanien.

Le type est au Muséum de Paris.

Diplopodia marticensis de Loriol; *Pseudodiadema marticense* Cotteau *Paléont. fr.*, terr. crét., VII, 507, t. 122 [1864]; *Diplopodia marticensis* de Loriol *Échin. du Portugal*, 41, t. 7, fig. 1-5 [1887].

Espèce de forme circulaire, arrondie et renflée au pourtour, déprimée à la partie supérieure et à la partie inférieure. — Zones porifères droites, formées de paires de pores simplement superposées à l'ambitus, nettement bisériées à la partie supérieure. Près de l'apex, les deux séries sont séparées par quelques granules dans les grands exemplaires; près du péristome, les paires s'alignent mal, et prennent une disposition sinueuse sur les deux dernières plaques. Il y a quatre paires de pores par tubercule ambulacraire à l'ambitus; l'inférieure est portée par une plaque complète, qui passe entre les deux tubercules; les sutures des trois autres sont masquées par le tubercule. — Aires ambulacraires renflées, étroites, portant deux rangées de tubercules crénelés et perforés, bien développés, diminuant de volume à la partie voisine de l'apex; il y en a environ dix-sept par série. L'espace intermédiaire est occupé par une seule rangée de granules inégaux, en zigzag, dont les plus gros sont aux angles. — Aires interambulacraires larges, portant quatre rangées de tubercules semblables à ceux de l'ambulacre, égaux au pourtour; à la partie supérieure, les rangées externes n'atteignent pas tout à fait le sommet, et s'arrêtent tout à coup à l'endroit où les tubercules des rangées internes diminuent de volume et s'écartent pour aboutir à la pointe des zones porifères. Dans les exemplaires de grande taille, il y a de chaque côté, près des zones porifères, une rangée de petits tubercules perforés et quelques-uns crénelés, qui sont le rudiment d'une nouvelle série secondaire ; dans les individus de petite taille, ces tubercules sont remplacés par des granules plus développés que les autres. La zone miliaire est ordinairement étroite et ne s'élargit un peu que près de l'apex, à l'endroit où les tubercules diminuent de volume. Elle porte deux séries sinueuses de granules inégaux, et reste presque nue à la partie supérieure. Dans deux de nos exemplaires, recueillis dans la même localité, l'un petit et l'autre de grande taille, la zone miliaire est sensiblement plus large et porte des granules plus nombreux. — Péristome à fleur de test, marqué de dix entailles assez profondes. — L'empreinte de l'appareil est subpentagonale, grande, et montre que toutes les plaques génitales pénétraient sensiblement dans les aires interambulacraires.

RAPPORTS ET DIFFÉRENCES. Il n'est pas douteux pour nous que ces exemplaires de Tunisie, ceux du moins dont la zone miliaire de l'interambulacre est étroite, ne soient entièrement conformes aux individus recueillis aux Martigues, que nous avons sous les yeux. Mais nous avons été embarrassé par les deux exemplaires, de taille très différente, comme nous l'avons dit, dont la zone miliaire est plus large. Nous avons depuis longtemps dans notre collection trois sujets, provenant d'Algérie, qui présentent aussi ce même caractère, et nous les rapportions pour cette raison au *Diplopodia Maresi* Cotteau, qu'on trouve au même niveau. Le mélange des deux variétés nous inspire des doutes sur la valeur de cette dernière espèce, qui n'a été décrite qu'avec des matériaux assez pauvres. Des six exemplaires des Martigues que nous avons sous les yeux, quatre ont la zone miliaire étroite; deux l'ont un peu plus large; mais ils sont d'une conservation trop imparfaite pour que nous puissions distinguer suffisamment les granules. De Tunisie, nous avons six individus, quatre à zone étroite, deux à zone plus développée. On ne pourra juger cette question qu'avec des matériaux plus abondants.

Djebel Taferma, versant sud. – Cénomanien, avec *Heterodiadema libycum*.

Thylechinus Ioudi Pomel; *Cyphosoma Ioudi* Peron et Gauthier *Échin. foss. Alg.*, fasc. VIII, 139, t. 13, fig. 1-6 [1881]; *Thylechinus Ioudi* Pomel *Genera*, 91 [1883].

M. Thomas a recueilli en Tunisie un exemplaire de cette espèce, dont le diamètre est un peu plus considérable que celui de l'exemplaire figuré dans les *Échinides de l'Algérie*, car il atteint 22 millimètres au lieu de 18. L'appareil apical fait défaut. Les autres détails ne laissent aucun doute sur l'identité spécifique des deux individus. Les zones porifères droites présentent trois paires de pores par tubercule ambulacraire. A la base, la première paire est portée par une plaquette entière, les deux autres paires sont sur des demi-plaquettes qui viennent buter contre le tubercule. La plaquette entière porte, en ligne horizontale avec les pores, trois gros granules, dont le plus développé est aligné avec les tubercules. La figure 5 de la planche que nous citons plus haut indique bien cette disposition; seulement le granule principal n'y est pas plus marqué que les autres, sans doute par suite du développement moindre de l'exemplaire que le dessinateur a eu entre les mains. — Le nombre des tubercules est augmenté d'une unité, résultat de la taille un peu plus grande de l'exemplaire tunisien. Mais la disposition de tous les détails de la surface est exactement la même. Les tubercules interambulacraires laissent entre eux une large zone miliaire aussi développée, et même plus, à l'ambitus qu'aux approches du sommet. Les rangées de tubercules ne se rapprochent que près du péristome.

Chebika. – Dordonien.

Thylechinus simplex Thomas et Gauthier, t. 5, fig. 28-32.

DIMENSIONS.

Diamètre		Hauteur		Péristome	
Diamètre.......	18 millim.	Hauteur........	7 millim.	Péristome.....	6,50 millim.
—	21	—	9	—	8,50
—	24	—	10	—	9,50

Espèce de petite taille, circulaire, arrondie et renflée au pourtour; plate en dessous et à peine convexe à la partie supérieure. — Appareil apical inconnu, laissant une empreinte peu étendue et subpentagonale. — Zones porifères droites, superficielles, montrant des paires de pores toujours unisériées; les pores sont bien ouverts, disposés par paires directement superposées, au nombre de trois par tubercule ambulacraire, ne se multipliant ni près de l'apex, ni près du péristome. — Aires ambulacraires droites, portant deux rangées rapprochées de tubercules médiocrement développés, crénelés et imperforés, diminuant subitement de volume au tiers supérieur, presque atrophiés près du sommet. Nous en comptons treize par série dans l'exemplaire de 21 millimètres, et c'est au-dessus du huitième qu'ils diminuent de volume. L'espace qui sépare les deux rangées est très restreint et porte une ligne onduleuse de granules qui suivent la suture; d'autres granules forment une couronne imparfaite autour des tubercules. Les aires ambulacraires n'atteignent en largeur que la moitié des interambulacres. — Aires interambulacraires larges, ornées de deux rangées de tubercules semblables aux tubercules ambulacraires, un peu plus distants entre eux; nous n'en comptons que onze par série. Zone miliaire large, assez bien garnie de granules inégaux et irrégulièrement placés, quelques-uns assez développés. Les tubercules interambulacraires étant assez éloignés du bord de l'aire, on distingue dans la partie extérieure une autre zone granuleuse; et quelques-uns des granules situés au pourtour du test sont assez développés, mais ils ne s'alignent pas en série régulièrement verticale. Il n'y a point de tubercules secondaires. — Péristome subdécagonal, grand, s'ouvrant à fleur de test, marqué d'entailles bien prononcées.

RAPPORTS ET DIFFÉRENCES. Le *T. simplex* ressemble assez bien au *T. Ioudi*, que nous venons de décrire : ils ont tous deux à peu près la même taille et la même épaisseur; néanmoins il ne nous a point paru possible de réunir les deux espèces. Dans le *T. Ioudi*, les tubercules sont moins nombreux, moins serrés; ils ne diminuent pas subitement de volume à la face supérieure; dans des exemplaires de même taille, les ambulacres comptent onze tubercules et les interambulacres neuf, tandis que nous en avons compté treize et onze dans notre nouvelle espèce. Par suite du plus grand écartement des tubercules, les paires de pores sont aussi moins serrées, et ce détail donne une physionomie différente au *T. Ioudi*. La disposition des granules n'est pas non plus la même : il y a, notamment, entre chaque tubercule ambulacraire et le suivant, un gros granule qui manque complètement dans le *T. simplex;* enfin les tubercules ambulacraires s'alignent régulièrement, près du péristome, dans notre nouveau type; tandis que dans l'autre, ils sont enchevêtrés, faute d'espace, et quelques-uns atrophiés.

Bir Tamarouzit. – Sénonien inférieur? — Sidi-bou-Ghanem. – Santonien.

Le type est au Muséum de Paris.

Rachiosoma Peroni Thomas et Gauthier, t. 4, fig. 26-31.

DIMENSIONS.

Diamètre........ 21 millim.	Hauteur........ 10 millim.	Péristome...... 9 millim.
— 29	— 16	— 11
— 36	— 19	— 13
— 40	— 22	— ...... (?)

Espèce d'assez grande taille, circulaire, renflée à l'ambitus, haute, déprimée à la partie supérieure; dessous presque plat. — Appareil apical souvent conservé, de dimensions médiocres, ovale ou subpentagonal, formant une étroite couronne; les cinq plaques génitales et les cinq ocellaires concourent à former le bord. La plaque génitale postérieure est plus réduite que les autres; l'antérieure de droite porte le corps madréporiforme qui la couvre presque entièrement, et se montre renflé et saillant. Les pores génitaux s'ouvrent près de l'extrémité des plaques; les plaques ocellaires sont moins développées que les autres. A l'intérieur de ce cadre, se trouve d'abord une première couronne de plaques assez irrégulièrement pentagonales, beaucoup plus développées en avant qu'en arrière, au nombre d'environ neuf plaques portant chacune un tubercule au milieu. Une seconde rangée circulaire, plus interne, montre encore quatre plaques antérieures plus développées que les autres, portant aussi un petit tubercule; le reste de l'espace intérieur est rempli par les plaquettes anales, très petites et serrées les unes contre les autres comme des tesselles de mosaïque. C'est au milieu de celles-ci que s'ouvrait l'anus, un peu excentrique en arrière dans l'appareil. — Aires ambulacraires droites et larges. Zones porifères légèrement déprimées, onduleuses, toujours simples, et ne montrant de pores multipliés ni près de l'apex, ni près du péristome. Les pores, ronds ou ovalaires, bien ouverts, forment de petits arcs de cinq paires à la base de chaque tubercule; le dernier arc près du péristome est moins régulier. Espace interzonaire saillant, portant deux rangées de tubercules crénelés et imperforés, entourés de scrobicules incomplets et peu profonds. Il y a de quatorze à seize tubercules dans chaque rangée, selon la taille de l'individu. Zone miliaire assez large à l'ambitus, resserrée en dessus et en dessous, couverte de granules grossiers et assez denses. — Aires interambulacraires presque deux fois aussi larges que les ambulacraires, saillantes, portant deux rangées de gros tubercules semblables à ceux des ambulacres, entourés de scrobicules un peu plus marqués sans l'être beaucoup, au nombre de quatorze à seize par rangée. Il n'y a point de tubercules secondaires. Sur les bords des zones porifères on distingue une rangée sinueuse de granules un peu plus développés que les autres, qui ne sont qu'un côté des couronnes scrobiculaires. Les sutures des plaques sont apparentes. Zone miliaire large à l'ambitus, où elle est couverte d'assez gros granules irrégulièrement disposés, plus étroite près du sommet où elle est presque nue, et plus réduite encore près du péristome. Toutes les rangées de tubercules sont portées sur une sorte de carène mousse, ce qui les rend très saillantes; et le test, légèrement déprimé, forme comme de petites vallées dans l'intervalle. — Péristome peu développé, à fleur de test, subdécagonal, fortement entaillé; les lèvres ambulacraires sont à peine plus grandes que les interambulacraires. — Périprocte grand, ovale, entouré par toutes les plaques de l'appareil apical.

RAPPORTS ET DIFFÉRENCES. Le *R. Peroni* diffère sensiblement du *R.* (*Cyphosoma*) *Delamarrei* qu'on recueille en Algérie. La taille est bien plus grande, l'ambitus plus renflé; les tubercules sont beaucoup plus développés et plus saillants, les vallées qui les séparent plus profondes. Cette différence est très sensible si l'on compare des individus de même diamètre. La distinction spécifique, si frappante dans les exemplaires de Tunisie, nous a fait revenir sur une opinion que nous avons émise dans les *Échinides de l'Algérie*[1], où, par suite de l'insuffisance des matériaux, nous avons cru pouvoir réunir le *Cyphosoma batnense* Cotteau au *C. Delamarrei* Deshayes comme simple variété. Il nous paraît aujourd'hui, où nous voyons mieux les variations spécifiques du genre, qu'il y a lieu de séparer les deux types que nous avions réunis et dont l'un, le *R. batnense*, n'est pas sans rapports avec l'espèce que nous venons de décrire. Il est aussi très élevé, mais moins renflé à l'ambitus, et ses tubercules sont moins développés.

Jusqu'ici le genre *Rachiosoma* n'a été rencontré que dans le nord de l'Afrique; il comprend les trois espèces que nous venons de comparer : *R. Delamarrei, batnense, Peroni*, et une quatrième, qui a les plus étroits rapports avec le *R. Delamarrei*, et qui n'en est peut-être qu'une variété, le *R. foukanense*, que nous avons cru devoir en séparer, parce qu'il montre à la partie supérieure des pores bisériés, qui ne se retrouvent dans aucune des autres espèces.

M. Pomel a séparé les *Rachiosoma* des vrais *Cyphosoma* à cause de la disposition des tubercules, et surtout du peu de développement de l'appareil apical. Cet appareil, conservé chez bon nombre de nos exemplaires, est certainement plus petit que celui des *Cyphosoma;* mais ce dernier est encore inconnu; toujours caduc, il n'a laissé que son empreinte, et il est difficile d'en établir les différences. Nous admettons néanmoins le nouveau genre, qui nous semble suffisamment distinct, et que M. Cotteau signalait, dès 1864, comme formant un type particulier au milieu

---

[1] Fascicule VII, p. 94.

des Cyphosomes [1]. Les *Rachiosoma* se rapprochent aussi des *Coptosoma* Desor, de ceux du moins qui n'ont pas de tubercules secondaires. Ceux-ci, ayant un appareil moins développé que les *Cyphosoma*, ont, par suite, encore plus d'affinités avec le genre qui nous occupe. Peut-être, quand on sera muni de meilleurs matériaux, y aura-t-il lieu de remanier quelques-uns de ces genres; une partie des *Coptosoma* pourrait se fondre avec les *Rachiosoma*, tandis que ceux qui ont des tubercules secondaires seraient reportés dans une autre coupe générique. Il nous paraît difficile d'établir en ce moment une classification définitive.

Khanguet Tefel, Khanguet Mazouna. – Santonien.

Le type est au Muséum de Paris.

Les observations précédentes étaient écrites quand nous avons reçu l'intéressant travail de notre sympathique confrère, M. Lambert, sur le genre *Gauthieria* [2]. M. Lambert divise les anciens Cyphosomes en trois genres :

1° Espèces à pores bisériés, *Cyphosoma* Agassiz;

2° Espèces unisériées, polypores, *Coptosoma* Desor;

3° Espèces unisériées, oligopores, *Thylechinus*.

Cette division si simple et si commode, nous l'accepterions volontiers, s'il ne restait un point à éclaircir. Les *Rachiosoma* sont supprimés et réunis aux *Coptosoma*; mais qui peut affirmer, dans l'état des connaissances actuelles, que l'appareil apical de ces derniers était semblable à celui des *Rachiosoma*? Le rapprochement ne pourra être pleinement justifié que si l'on apporte la preuve de cette concordance; ce n'est pas improbable, mais c'est encore incertain. M. Lambert nous paraît moins bien inspiré en reportant le *R. foukanense* parmi les vrais *Cyphosoma* à cause de ses pores bisériés. Mais alors il faut admettre aussi que l'appareil des *Cyphosoma*, qui a laissé une empreinte plus grande et plus pentagonale, est le même que celui des *Rachiosoma* et par conséquent des *Coptosoma*. C'est possible encore, mais je me sens moins convaincu.

Cyphosoma Baylei Cotteau *Paléont. fr.*, terr. crét., VII, 584, t. 1138, fig. 8-13, et t. 1139, fig. 1-6 [1864]; Cotteau, Peron et Gauthier *Échin. foss. Alg.*, fasc. VI, 95 [1880].

Les exemplaires appartenant à cette espèce bien connue ne sont pas rares en Tunisie; mais ceux que nous avons eus entre les mains sont généralement mal conservés. Ils nous paraissent identiques au type algérien. L'empreinte laissée par l'appareil est grande et pentagonale; les zones porifères, légèrement onduleuses, polypores, sont formées de paires directement superposées, dessinant des arcs peu sensibles autour des tubercules, ayant une tendance plus ou moins prononcée à se bisérier à la partie supérieure. Les tubercules interambulacraires forment deux rangées principales, et, extérieurement, une rangée secondaire de chaque côté, dont les tubercules plus petits s'élèvent jusqu'au sommet.

---

[1] *Paléont. fr.*, terr. crét., VII, 590.
[2] *Bull. des Sc. de l'Yonne* [1888].

La disposition des zones porifères mérite que nous nous y arrêtions. Beaucoup d'auteurs sont d'avis aujourd'hui de considérer les Cyphosomes à zones porifères polypores unisériées, comme distincts génériquement de ceux qui sont bisériés, et d'appliquer aux unisériés le nom depuis longtemps connu de *Coptosoma*. L'espèce qui nous occupe devient embarrassante. Les pores sont unisériés : toutefois, près du sommet, quelques plaquettes, dont le nombre varie selon les individus, et aussi selon la taille de l'oursin, ne sont pas perforées en alignement avec les autres, et les paires de pores qu'elles portent sortent du rang. Ces paires sont peu nombreuses, deux, trois par ambulacre, quelquefois une seule ; dans beaucoup d'exemplaires jeunes, il n'y en a point du tout, la zone est complètement unisériée. Le *C. Baylei* flotte donc incertain entre les deux genres. Toutefois il nous semble difficile d'en faire un *Coptosoma*. L'empreinte laissée par l'appareil est très grande, et il serait imprudent de ne pas tenir compte de ce caractère. M. Pomel veut que les *Coptosoma* aient un appareil peu développé. Desor, qui a créé le genre, n'en parle pas. On ne peut nier cependant que certaines espèces ne se présentent avec une empreinte apicale plus grande qu'elle ne l'est dans certaines autres. Ce sera une question à résoudre plus tard pour les *Coptosoma*, quand on saura si l'appareil qu'enfermaient ces grandes empreintes était différent de celui qui n'a laissé qu'une empreinte peu développée et moins nettement pentagonale. Pour le moment nous nous contenterons de dire que le *C. Baylei*, avec son empreinte large et entamant l'interambulacre postérieur, avec ses zones porifères bisériées, quoiqu'elles le soient faiblement, nous paraît appartenir incontestablement au vrai genre *Cyphosoma*.

Khanguet El-Oguef. – Turonien. — Khanguet Tefel, Khanguet Goubel. – Santonien? — Les couches qui renferment cette espèce, en Tunisie comme en Algérie, ne sont pas encore bien classées.

En Algérie, c'est dans les environs de Tebessa qu'on rencontre le plus abondamment le *C. Baylei*.

Cyphosoma Maresi Cotteau *Paléont. fr.*, terr. crét., VII, 619, t. 1150, fig. 1-12 [1864] ; Coquand *in Bull. Acad. Hippone*, XV, 342 [1880] ; Cotteau, Peron et Gauthier *Échin. foss. Alg.*, fasc. VII, 98 ; fasc. VIII, 138 [1881].

L'exemplaire type décrit et figuré dans la *Paléontologie française* mesurait 25 millimètres de diamètre ; ceux que nous avons décrits dans les *Échinides de l'Algérie* atteignaient 30 millimètres, et ne présentaient aucune différence avec le type, sauf peut-être la présence de deux ou trois gros granules à l'ambitus, en dehors de la rangée secondaire de l'interambulacre, et sur le bord des zones porifères. Il en est de même pour les individus recueillis en Tunisie, jusqu'au diamètre de 30 millimètres. Mais M. Thomas en ayant recueilli quelques-uns de plus grande taille, ceux-ci présentent certaines modifications que nous allons faire connaître.

La forme reste la même, subcirculaire, assez épaisse, déprimée à la partie supérieure, presque plate en dessous. — Les aires ambulacraires ne subissent également aucune modification importante ; les pores, fortemnt bigéminés à la partie supérieure, sont alignés à partir de l'ambitus par simples paires, formant de faibles arcs de quatre ou cinq paires autour des tubercules. Ils se multiplient un peu en arrivant au péristome. — Les aires interambulacraires comptent de chaque côté une troisième rangée de tubercules. La deuxième rangée, dont les tubercules atteignaient presque le sommet en s'amoindrissant, conserve la même disposition, mais les tubercules supérieurs sont plus développés. A la partie inférieure, et jusqu'au-dessus de l'ambitus, il apparaît une troisième rangée sur les exemplaires dont le diamètre dépasse 3o millimètres; déjà, un individu qui en mesure 32 montre ces gros granules externes dont nous avons parlé s'alignant sur le bord des zones porifères, se multipliant, montant jusqu'à l'ambitus et même au-dessus. Sur deux exemplaires de 35 millimètres, les plus grands que nous connaissions, ces gros granules sont devenus de véritables tubercules, crénelés, scrobiculés, dépassant l'ambitus, et trois d'entre eux, placés au milieu de la série, atteignent presque le volume de ceux de la seconde rangée. La zone miliaire n'est pas modifiée : étroite d'abord, elle s'élargit à mesure qu'elle se rapproche du sommet, où elle paraît presque nue. — Appareil apical large, pentagonal, d'après l'empreinte qu'il a laissée. — Péristome décagonal, à fleur de test ou dans une légère dépression, fortement entaillé; son diamètre n'égale pas tout à fait la moitié du diamètre total (13/3o).

Djebel Meghila, au sommet, zone supérieure. – Santonien.

Cyphosoma colliciare Thomas et Gauthier, t. 5, fig. 1-4.

DIMENSIONS.

Diamètre....... 25 millim. | Hauteur........ 11 millim. | Péristome....... 10 millim.

Espèce subcirculaire, peu élevée, arrondie au pourtour, concave à la face inférieure. — Appareil apical inconnu, assez grand et pentagonal d'après l'empreinte; il était placé dans une dépression peu considérable, formée par le relèvement des aires ambulacraires. — Aires ambulacraires renflées, ayant en largeur, à l'ambitus, les deux tiers des aires interambulacraires. Zones porifères droites à la partie supérieure, étroites, quoique portant des pores nettement bigéminés. A l'ambitus, les paires sont simples et forment des arcs peu prononcés de cinq ou six paires autour des tubercules. Les pores se multiplient aux approches du péristome. Zone interporifère saillante, portant deux rangées de tubercules assez développés à l'ambitus, crénelés, imperforés, diminuant modérément de volume en dessus et en dessous. Il y en a treize par série. L'espace intermédiaire porte quelques granules qui forment, surtout à l'ambitus, une ligne anguleuse entre les tubercules. — Aires interambulacraires portant deux rangées de tubercules principaux, semblables à ceux des ambulacres, un peu moins serrés, au nombre de onze par série. En dehors de ces deux rangées principales, on voit, sur les bords des zones porifères, une rangée irrégulière

Échinides. 6

de gros granules, dont un ou deux, à l'ambitus, peuvent être crénelés, remontant jusqu'aux deux tiers de la hauteur totale. Zone miliaire large, fortement déprimée dès le sommet et jusqu'à la partie inférieure, formant une sorte de gouttière que dominent les tubercules; elle est ornée de deux rangées irrégulières de petits granules à la partie inférieure et au pourtour; près du sommet, elle est presque nue. — Péristome assez grand, un peu enfoncé, décagonal; les lèvres interambulacraires sont plus larges que les ambulacraires.

RAPPORTS ET DIFFÉRENCES. Notre espèce n'est pas sans quelques rapports avec le *C. Coquandi* Cotteau. Elle s'en distingue facilement par ses zones miliaires déprimées en gouttière, par ses tubercules un peu plus nombreux, diminuant moins de volume à la partie supérieure des ambulacres, et n'ayant aucune tendance à devenir alternes; par ses zones porifères moins larges près du sommet, quoique aussi bien bigéminées, par sa partie inférieure un peu plus concave, par ses tubercules secondaires moins développés. Le *C. Baylei* Cotteau a quelques paires qui sortent de l'alignement près du sommet, sans former deux séries bien constantes. Le *C. Mansour* Peron et Gauthier est plus renflé; ses tubercules ambulacraires sont moins développés, et la partie du test qui les porte n'est pas renflée. Le *C. subasperum* Peron et Gauthier est plus granuleux et n'a jamais les pores bigéminés ni les interambulacres déprimés au milieu. Notre nouveau type spécifique, quoique représenté par un seul exemplaire, nous paraît bien distinct de toutes les espèces connues.

Djebel Aïdoudi, versant sud. – Santonien.

Le type est au Muséum de Paris.

Cyphosoma Aïdoudi Thomas et Gauthier, t. 5, fig. 5-7.

Test inconnu.

Radiole allongé, arrondi ou légèrement comprimé; la base est assez rétrécie, le bouton peu saillant, la collerette à peu près nulle et marquée par un faible étranglement; puis la tige se renfle en fuseau, et va diminuant ensuite progressivement jusqu'à l'extrémité qui est aiguë. Facette articulaire crénelée. Toute la tige est couverte de stries longitudinales très serrées et très fines, qui s'effacent facilement. La section est à peu près circulaire.

Le mieux conservé de ces radioles mesure 25 millimètres de long et 3 de diamètre à la partie la plus renflée; il est entier. D'autres, plus petits, mesurent 20 millimètres et 2 de diamètre; 18 et 1,5, etc.

Ces radioles ont été recueillis au Djebel Aïdoudi, comme le *Cyphosoma colliciare* que nous venons de décrire; peut-être lui appartiennent-ils. Leur taille concorderait assez avec le volume des tubercules. Cependant nous ne saurions rien affirmer à ce sujet; car non seulement ils n'ont pas été trouvés adhérents au test, mais ils n'ont pas même été recueillis au même endroit : le *C. colliciare* provient du versant sud de la montagne, et les radioles du versant nord.

Djebel Aïdoudi. — Santonien; peut-être Turonien?

Cyphosoma Sancti-Arromani Thomas et Gauthier, t. 5, fig. 8-13.

DIMENSIONS.

Diamètre	30 millim.	Hauteur	12 millim.	Péristome	10 millim.
—	39	—	15	—	(?)
—	45	—	20	—	(?)

Espèce de moyenne et grande taille, large, médiocrement élevée, bien arrondie au pourtour, déprimée en dessus; le dessous est pulviné, mais sensiblement creusé autour du péristome. — Zones porifères droites, d'abord étroites à la partie inférieure, ne montrant que trois paires de pores pour chaque plaque ambulacraire; au pourtour il y a quatre paires; à la partie supérieure et jusqu'au sommet les paires sont bisériées, et forment deux rangées bien distinctes, quoique l'aire s'élargisse peu; le nombre des paires reste toujours quatre pour chaque plaque. — Aires ambulacraires larges, portant deux rangées de tubercules crénelés, imperforés, assez développés à l'ambitus, diminuant de volume en dessus et en dessous; nous en comptons de quatorze à quinze par série. Extérieurement à ces deux rangées, il y a dans l'angle de chaque plaque un granule plus développé que les autres; mais ces granules ne dépassent guère l'ambitus et manquent à la partie supérieure. Zone miliaire étroite, portant, à la face inférieure, quelques granules inégaux, qui s'atténuent au pourtour et disparaissent près du sommet. — Aires interambulacraires n'atteignant pas en largeur le double des aires ambulacraires. Elles montrent de chaque côté une rangée complète de gros tubercules, semblables à ceux de l'ambulacre, un peu plus gros en dessous. En dehors de ces deux rangées principales, se trouve une rangée secondaire, à tubercules presque aussi développés à l'ambitus, mais plus réduits en dessous et surtout à la face supérieure où les trois derniers sont à peine distincts. A la face inférieure, on voit encore une ligne très confuse de gros granules, qui est comme le rudiment d'une troisième rangée. Au milieu de l'aire, la zone miliaire présente de gros granules en zigzag, un à l'angle de chaque plaque, jusqu'à l'ambitus. A la partie supérieure, cette zone miliaire est déprimée et nue. — Péristome médiocrement développé, enfoncé, garni de dix entailles bien visibles. L'empreinte laissée par l'appareil apical est grande, pentagonale, avec pointe pénétrant un peu dans l'aire postérieure.

L'exemplaire que nous venons de décrire est celui qui mesure 30 millimètres de diamètre, c'est le seul que nous possédions bien entier. Les fragments des exemplaires plus grands offrent des modifications sensibles. Ainsi, dans celui de 39 millimètres, les gros granules que nous avons signalés sur le bord externe des aires interambulacraires forment une véritable rangée de tubercules secondaires, qui ne dépasse guère l'ambitus, et il y a derechef, à la partie inférieure, d'autres gros granules à l'angle des plaques, qui forment un rudiment de quatrième rangée.

6.

Dans notre exemplaire de 45 millimètres, cette quatrième rangée n'est guère plus développée; mais, par contre, les granules de la zone miliaire sont plus gros en dessous sans être plus nombreux; ils atteignent la taille des tubercules secondaires, mais ils restent disposés en zigzag et s'élèvent à peine au-dessus de l'ambitus. Aucune des rangées secondaires n'atteint complètement le sommet.

Les ambulacres subissent des modifications moins considérables. Les zones porifères restent tout aussi étroites, et les pores ne se multiplient pas davantage; les gros granules extérieurs que nous avons signalés sont plus développés, du moins quelques-uns, et dessinent comme le commencement d'une rangée secondaire, qui ne s'élève pas au-dessus de l'ambitus.

Rapports et différences. Notre exemplaire de 30 millimètres ressemble d'assez près au *C. Maresi* Cotteau; il en a la forme, les proportions, l'aspect; il s'en distingue par ses zones porifères moins larges et moins développées, et par les gros granules qu'on aperçoit à la base des ambulacres. Nos grands exemplaires s'éloignent davantage de l'espèce que nous venons de citer; leurs rangées de tubercules secondaires, plus nombreuses, les distinguent facilement.

Le *C. Sancti-Arromani* rentre dans un groupe dont M. Pomel a fait le sous-genre *Pliocyphosoma*. Ces rangées plus nombreuses de tubercules qui n'apparaissent que dans la grande taille et ne se montrent pas encore sur un exemplaire de 30 millimètres de diamètre, ne nous paraissent pas avoir une valeur générique; ce n'est que le résultat de l'accroissement du test. Les zones porifères ne varient pas, et les quelques gros granules qu'on aperçoit à la base des aires ambulacraires ne nous paraissent pas avoir d'autre importance qu'une distinction spécifique.

Bir Magueur dans le Cherb occidental. – Dordonien.

Nous avons dédié cette espèce à M. de Saint-Arroman, secrétaire des missions au Ministère de l'instruction publique.

Résumé sur le genre Cyphosoma.

Nous avons décrit cinq espèces appartenant au genre *Cyphosoma* proprement dit, auxquelles il faudrait en ajouter trois, reportées dans les genres *Thylechinus* et *Rachiosoma*. De ces cinq espèces, deux seulement étaient connues avant ce travail, pour avoir été rencontrées en Algérie : *C. Baylei*, *C. Maresi*. Trois sont nouvelles : *C. colliciare*, *C. Sancti-Arromani*, *C. Aidoudi*, cette dernière représentée seulement par des radioles. Toutes appartiennent aux couches sénoniennes, le *C. Baylei* descendant peut-être un peu plus bas. Aucune de ces espèces n'a été jusqu'à présent recueillie en Europe.

Orthopsis miliaris (d'Archiac) Cotteau [1864]; Peron *in Bull. Soc. géol.*, XXVII, 601 [1870]; Cotteau, Peron et Gauthier *Echin. foss. Alg.*, fasc. vii, 117; fasc. viii, 169; Coquand *in Bull. Acad. Hippone*, XV, 330 [1880].

Les exemplaires d'*Orthopsis* recueillis dans le Cénomanien sont peu nombreux, mais bien conservés et de grande taille. Ils n'offrent d'ailleurs rien qui ne soit conforme à ce que nous avons dit de ceux d'Algérie : la hauteur du test est variable; deux, sur trois sujets, provenant du Djebel Taferma, sont peu élevés, quoique assez développés, l'un d'eux atteignant 32 millimètres de diamètre; le troisième est beaucoup plus haut; sa taille est plus grande (46 millimètres), mais les détails du test restent les mêmes. Cette grande taille se retrouve également en France et nous avons cité un exemplaire recueilli près des Martigues (Bouches-du-Rhône), avec le *Heterodiadema libycum*, qui mesure 50 millimètres de diamètre.

Les exemplaires provenant d'un niveau supérieur au Cénomanien sont plus rares en Tunisie qu'en Algérie, ou du moins n'ont pas encore été recueillis en aussi grande abondance. Nous n'en avons que quatre entre les mains. Deux, du Santonien de Sidi-bou-Ghanem, n'offrent aucune différence avec ceux du Cénomanien, sinon qu'ils sont de plus petite taille. Des deux autres, l'un provient du Djebel Bou-Driès, et est normal; l'autre, recueilli au sommet du Djebel Meghila, dans le Turonien peut-être, offre un aspect tout particulier par suite de la disposition de ses tubercules interambulacraires. Il est de taille moyenne (19 millimètres); la forme générale, l'appareil apical, le péristome ne s'éloignent en rien du type ordinaire; mais les aires interambulacraires paraissent plus nues; les rangées secondaires de tubercules sont très réduites. Par contre, les tubercules des rangées principales sont saillants. Les gros granules, d'ordinaire si abondants dans cette espèce, sont clairsemés; la granulation fine est complètement absente. Il est probable qu'elle a été effacée par l'usure, car le test, à la partie supérieure, a été corrodé par les agents atmosphériques. Néanmoins, les gros tubercules saillants, comme nous l'avons dit, et en même temps la dénudation du test, donnent à cet exemplaire un aspect différent des autres, et nous ne sommes pas convaincu que ce soit le même type spécifique. Nous n'osons pas cependant le séparer aujourd'hui : d'abord il faudrait être certain que cette disposition exceptionnelle des tubercules et des granules se maintient sur d'autres sujets, et nous n'en connaissons qu'un; puis, malgré leur aspect différent, les tubercules interambulacraires sont exactement au même nombre que sur un individu normal de même taille : il y en a onze par rangée; enfin, parmi les sujets que renferme notre collection, il en est quelques-uns qui, sans avoir complètement un aspect aussi dénudé, présentent néanmoins une surface moins ornée et des tubercules plus saillants qu'à l'ordinaire. Ils forment une variété intermédiaire qui conduit à celle qui nous occupe. Nous croyons donc prudent d'attendre des matériaux plus abondants pour trancher la question.

Djebel Taferma. - Cénomanien. — Djebel Meghila, zone supérieure du sommet. - Turonien? — Sidi-bou-Ghanem; Djebel Bou-Driès. - Santonien.

Micropedina olisiponensis de Loriol *in Faun. crét. Portugal*, II, fasc. 1, *Échinides*, 62, t. 10, fig. 3-6 [1887]; *Echinus olisiponensis* Forbes *in* Sharpe *On the secondary rocks of Portugal* [1850]; *Codiopsis Cotteaui* Coquand *Paléont. prov. Constantine*, 254, t. 27, fig. 11-13 [1862]; *Micropedina Cotteaui* Cotteau *Paléont. fr.*, terr. crét., VII, 823, t. 1197 [1866]; Cotteau, Peron et Gauthier *Échin. foss. Alg.*, fasc. v, 217 [1879].

DIMENSIONS DE NOS EXEMPLAIRES.

Diamètre	11 millim.	Hauteur	8	millim.
—	13	—	8,50	
—	14	—	9,50	

Comme on le voit par les dimensions indiquées, nous n'avons entre les mains

que des individus de taille médiocre; mais il est probable que des recherches ultérieures feront trouver en Tunisie des sujets aussi développés que ceux qu'on
rencontre en Algérie et au Portugal. Nos trois exemplaires sont peu élevés relativement ; la partie inférieure est médiocrement renflée; deux ont le pourtour circulaire,
l'autre est subpentagonal. Nous avons cherché si cette forme moins élevée, plus
large, moins ovoïde que celle de bon nombre d'exemplaires, surtout des grands, ne
constituerait pas un type spécifique particulier. Elle existe aussi bien en Algérie qu'en
Tunisie, et elle a attiré notre attention depuis longtemps. Mais nous avons dû re-
noncer à toute distinction spécifique, en voyant les mêmes variations se reproduire
dans les exemplaires du Portugal. Il ne faut donc considérer les différences de
forme que comme des variations individuelles, fréquentes surtout chez les jeunes
exemplaires mais qui se présentent aussi quelquefois dans les grands, comme le
prouvent la description et les figures données récemment par M. de Loriol. Les
zones porifères présentent exactement dans les sujets que nous étudions la disposition bien connue de trois paires de pores par plaque ambulacraire, superposées
obliquement, l'inférieure étant la plus rapprochée du milieu de l'aire, et formant
ainsi, avec les paires de la plaque correspondante de l'autre côté de l'ambulacre,
une sorte de V mal fermé en bas. M. de Loriol a étudié très soigneusement la disposition des plaques ambulacraires composées, et la figure qu'il en donne est un
peu en désaccord avec celle de la *Paléontologie française*, comme il le fait lui-même
observer. Il compte en effet une seule plaquette primaire, celle du milieu; la supérieure et l'inférieure ne sont que des demi-plaquettes. Dans la *Paléontologie*, au
contraire, la plaquette inférieure est entière, comme celle du milieu, mais plus
étroite; la supérieure seule est une demi-plaquette. Nous croyons qu'il ne faut pas
attacher une importance exagérée à ces différences. M. de Loriol nous dit lui-même
que sur ses exemplaires, pour les cinq ou six plaques qui sont voisines du sommet
ou du péristome, la plaquette inférieure est une plaquette primaire, ce qui est la
même combinaison que dans la figure 7 donnée par M. Cotteau. Il n'y a donc
de différence qu'à l'ambitus; mais là encore l'âge et la taille de l'individu occa-
sionnent des variations. Les sutures des plaques, souvent invisibles, ne sont nettement apparentes que sur notre plus petit exemplaire. A l'ambitus, les trois
plaquettes sont primaires, et il nous semble qu'il en est encore ainsi sur notre
exemplaire de 14 millimètres, mais nous en sommes moins certain.

Djebel Cehela. — Cénomanien.

Un grand exemplaire, déformé et écrasé, recueilli au Djebel Meghila, nous est
parvenu après cette description. Malgré le mauvais état où il se trouve, il montre
les tubercules du test admirablement conservés. Ces tubercules, finement perforés
et sans crénelures, forment dans l'interambulacre des rangées onduleuses, séparées entre elles par une, deux ou trois lignes de fins granules irréguliers, placés
sur le bord des plaques. L'aire interambulacraire est séparée verticalement en deux
parties par une raie lisse qui accompagne la suture médiane. De chaque côté, il y a,
au pourtour, dix tubercules dans chaque demi-rangée horizontale, soit vingt dans
la largeur de l'aire. Les aires ambulacraires, au même endroit, en portent huit,
divisés également en deux parties de quatre chacune. Les pores, peu visibles,

présentent la disposition indiquée de trois paires obliquement superposées qui vont en s'évasant. Cet individu atteint la taille des plus grands exemplaires figurés par M. de Loriol. Il provient du Foum El-Guelta, dans le Djebel Meghila. - Cénomanien.

Goniopygus Brossardi Coquand *in* Cotteau *Paléont. fr.*, terr. crét., VII, 732, t. 1179, fig. 1-7 [1865]; Brossard *Subdiv. de Sétif*, 227 [1867]; Lartet *Géol. Palestine*, t. 14, fig. 12-14 [1867]; *Goniopygus Menardi* Peron et Gauthier *Échin. foss. Alg.*, fasc. v, 219 [1879]; *Échinides*, t.   , fig. 14-16.

Espèce de taille au-dessus de la moyenne, haute, hémisphérique, circulaire au pourtour, presque plate en dessous. — Appareil apical assez développé; plaques génitales pentagonales, lisses à la surface, avec une légère dépression au milieu. Le pore génital est complètement détaché de la plaque et s'ouvre dans l'aire interambulacraire. Plaques ocellaires assez grandes, cachant le pore sous leur bord externe. — Ambulacres droits, aigus au sommet, restant toujours étroits. Zones porifères oligopores, formées de paires de pores ronds, directement superposées. Tubercules bien alignés, réguliers, ayant entre eux une bande étroite d'une granulation très fine et homogène. — Interambulacres larges, portant deux rangées de tubercules sans crénelures ni perforation, plus petits au sommet et aux approches du péristome, bien développés à l'ambitus; il y en a huit par rangée. Les bords de l'aire sont garnis, à la face inférieure seulement, d'une rangée de granules; la zone miliaire porte à l'ambitus et au-dessous de gros granules irréguliers; au-dessus de l'ambitus, il n'y a qu'une granulation très fine. — Péristome à fleur de test, subdécagonal, assez bien entaillé, mesurant les 11/25 du diamètre total. — Périprocte triangulaire, enveloppé par les plaques génitales. Trois seulement de ces plaques, la postérieure impaire, la postérieure paire de droite et l'antérieure paire de gauche portent dans une petite anfractuosité un granule valvaire. — Radioles épais, droits, assez courts, cylindriques, à peine acuminés. Bouton peu saillant; collerette nulle, facette articulaire lisse.

Dans les *Échinides de l'Algérie*, nous avons réuni cette espèce au *G. Menardi* Agassiz. Les différences qui distinguent le test des deux espèces sont très minimes en effet, et s'effacent plus ou moins selon les individus; la physionomie est la même, et nous n'avions pas trouvé les caractères nécessaires à une distinction spécifique. Mais M. Thomas a recueilli en Tunisie, dans la même couche, des radioles bien conformes à ceux que porte le genre *Goniopygus*, et que nous croyons pouvoir rapporter à la présente espèce, attendu qu'il n'a pas été rencontré d'autre *Goniopygus* à cet horizon. Or, ces radioles diffèrent très sensiblement de ceux que M. Cotteau, après les avoir décrits sous le nom de *Pseudodiadema carinella*, a réunis au *G. Menardi*, qu'on trouve au Mans dans la même couche. En présence de cette forme différente des radioles, nous n'avons pas hésité à reprendre le nom spécifique donné par Coquand aux exemplaires d'Algérie, dont ne se distinguent pas ceux de Tunisie, et à les séparer du *G. Menardi.*

Djebel Taferma, versant sud. – Cénomanien.

Goniopygus Peroni Thomas et Gauthier, t. 5, fig. 17-23.

DIMENSIONS.

Diamètre	11 millim.	Hauteur	6 millim.
—	19	—	10
—	21	—	12
—	25	—	12

Espèce atteignant une taille assez développée, arrondie, subcylindrique au pourtour, peu élevée, fortement déprimée en dessus et en dessous. — Appareil apical médiocrement développé, composé de cinq plaques génitales à peu près égales, pentagonales, terminées en pointe, lisses à la surface, et de cinq plaques ocellaires, intercalées dans les angles externes, pentagonales aussi, mais ayant la pointe enclavée entre les génitales, tandis que la partie large est en dehors. Les pores génitaux sont placés dans l'aire interambulacraire, sous l'extrémité même de la plaque génitale; le corps madréporiforme, placé sous la plaque antérieure de droite, déborde autour. — Zones porifères droites, étroites, composées de pores simples formant des paires régulièrement superposées, assez serrées à la face supérieure, un peu plus écartées à partir de l'ambitus. Les deux pores de chaque paire sont séparés par une verrue. Il y a trois paires pour chaque granule ambulacraire. Espace interzonaire droit, un peu plus large à l'ambitus que dans le voisinage du sommet, portant de chaque côté une rangée de gros granules, bien alignés, peu serrés, augmentant de volume au pourtour et à la face inférieure, où quelques-uns sont distinctement mamelonnés, au nombre de douze à quinze, selon la taille de l'individu. Entre les deux rangées serpentent en zigzag d'autres granules plus petits, mais encore assez développés, placés à peu près régulièrement en face de chaque granule primaire. Quelques verrues plus petites se distinguent dans les intervalles. — Aires interambulacraires assez larges, portant deux rangées de gros tubercules peu serrés, mamelonnés, imperforés, non crénelés, sans scrobicules bien apparents. Ils augmentent régulièrement de volume en partant du péristome, et le plus gros est le sixième; les trois plus rapprochés du sommet diminuent subitement, et le dernier, resserré entre la pointe de la plaque génitale et la plaque ocellaire, est très réduit. Dans notre plus grand exemplaire les tubercules amoindris sont au nombre de quatre dans l'une des deux rangées. Au pourtour, un gros granule orne l'angle de chaque plaque, près de la zone porifère. Zone miliaire presque nue près du sommet ou ornée de granules très fins et peu nombreux. Elle s'élargit au milieu du test, et porte alors deux rangées sinueuses de gros granules, placés comme pour couronner le côté interne des scrobicules qui, nous l'avons dit, ne sont pas nettement dessinés. — Péristome à fleur de test, circulaire, sub-décagonal, avec entailles assez larges et relevées sur les bords. Son diamètre égale la moitié du diamètre total de l'oursin. — Périprocte assez grand, s'ouvrant au milieu de l'appareil apical. Il porte ordinairement trois granules valvaires, placés dans une petite entaille des plaques géni-tales. Un de nos exemplaires, celui qui mesure 19 millimètres de dia-mètre, montre nettement cinq granules valvaires, chaque plaque en étant garnie. L'exemplaire de 21 millimètres en présente quatre, et c'est la plaque postérieure de gauche qui en est dépourvue. Dans notre plus grand exemplaire, le périprocte affecte, comme dans les petits, une forme plus triangulaire; la plaque postérieure de gauche ne porte point de granule, et la plaque antérieure de droite en paraît également dépourvue. Comme on le voit, le nombre des valves qui ferment l'ouverture anale n'a pas une fixité absolue, puisque dans l'espèce présente il varie de trois à cinq, et ce caractère perd un peu de sa valeur spécifique. Il semble établi, d'après l'examen que nous avons fait de nos exemplaires, que si le nombre des valves est réduit à moins de cinq, c'est la plaque postérieure de gauche qui en est dépourvue la première, puis la plaque qui porte le corps ma-dréporiforme. Ce fait paraît confirmé par la plus grande partie des figures données dans la *Paléontologie française*, quand le madréporide est assez vi-sible pour que l'orientation de l'appareil soit certaine.

RAPPORTS ET DIFFÉRENCES. Le *G. Peroni* peut être rapproché, parmi les espèces européennes, du *G. delphinensis* A. Gras qui est aussi déprimé et dont les ambu-lacres portent des rangées intermédiaires de granules. Notre espèce s'en distingue par sa forme moins conique, par ses tubercules interambulacraires beaucoup moins serrés, diminuant plus subitement de volume à la face supérieure, par sa zone miliaire plus nue. Elle se rapproche beaucoup plus du *G. Meslei* Peron et Gau-thier qu'on trouve dans le Cénomanien de l'Algérie. Ce dernier est plus élevé, plus cylindrique, moins étalé, ce qui fait que les aires interambulacraires sont sen-siblement moins larges dans toute leur étendue et surtout à la partie supérieure; les aires ambulacraires sont aussi plus resserrées près du sommet, à tel point qu'entre les quatre derniers granules primaires il ne reste pas de place pour les secondaires, tandis qu'il en existe jusqu'à l'appareil dans le *G. Peroni*. Dans le *G. Meslei*, les gros tubercules interambulacraires sont moins développés, et les granules primaires des ambulacres sont plus serrés et plus nombreux : dix-huit au lieu de quinze à taille égale. Le *G. Durandi* Peron et Gauthier, du Santonien, est encore plus élevé que le *G. Meslei*, plus renflé à la partie supérieure; les gros gra-nules remontent moins haut dans la zone miliaire, et les gros tubercules inter-ambulacraires se rapprochent plus du sommet. Ces trois espèces africaines, qui appartiennent à trois horizons différents, nous paraissent parfaitement distinctes, tout en présentant plus d'un caractère commun.

Khanguet El-Oguef; Djebel Taferma, versant nord. — Turonien. — Assez abondant.

Le type est au Muséum de Paris.

Goniopygus cf. royanus d'Archiac [1851].

Nous croyons pouvoir rapprocher de cette espèce un exemplaire de petite taille (9 millimètres de diamètre) recueilli par M. Thomas, et qui ne nous paraît différer des exemplaires du sud-ouest de la France par rien d'essentiel.

L'appareil apical présente la même disposition; les sutures des plaques sont marquées d'impressions, et les plaques elles-mêmes, quoique usées, n'étaient sans doute pas lisses; les plaques ocellaires montrent une petite dépression au milieu. — Les zones porifères sont composées de paires de pores obliques, assez éloignées, et il y en a trois par tubercule. Les tubercules ambulacraires sont au nombre de neuf dans chaque rangée, et entre les deux séries on voit très nettement une ligne sinueuse de gros granules. — Les aires interambulacraires sont garnies de deux rangées de gros tubercules, sans crénelures et sans perforation; il y en a six de chaque côté, et le troisième et le quatrième sont plus gros que les autres. La zone miliaire porte une rangée sinueuse d'assez gros granules, serrés au pourtour, mais ne remontant pas jusqu'au sommet. — Péristome grand. — Périprocte subtriangulaire; le pourtour en est formé par les cinq plaques génitales, dont trois portent dans une légère anfractuosité un granule valvaire.

Nous avions d'abord cru pouvoir rapporter ce petit exemplaire à notre *G. Durandi*, qu'on rencontre en Algérie au même horizon et qui présente aussi des granules entre les tubercules ambulacraires; mais dans l'espèce algérienne les paires de pores sont plus rapprochées et plus droites, l'appareil apical est moins étendu et il est complètement dépourvu d'impressions. Les détails que nous avons donnés ne concordent donc pas avec le *G. Durandi*, tandis qu'ils sont conformes aux caractères du *G. royanus*.

Khanguet Safsaf. — Santonien.

Codiopsis Elissæ Thomas et Gauthier, t. 5, fig. 24-27.

DIMENSIONS.

Diamètre	12 millim.	Hauteur	7 millim. (?)

Exemplaire unique.

Espèce subcirculaire à la base, large, médiocrement élevée, arrondie et presque hémisphérique à la partie supérieure. — Appareil apical assez grand, composé de cinq plaques génitales, dont le bord interne forme le contour du périprocte, perforées assez près du bord, et de cinq plaques ocellaires intercalées dans les angles; chaque plaque génitale porte un gros granule. — Aires ambulacraires superficielles, larges au pourtour où elles égalent les deux tiers des interambulacres, mais plus resserrées près du sommet. Zones porifères relativement fort larges, formées de pores ronds, disposés régulièrement par paires assez écartées et superposées en ligne droite. Zone interporifère portant à la partie inférieure, à partir du péristome, de trois à quatre gros tubercules, imperforés et incrénelés; le reste de l'aire est nu et orné des stries caractéristiques du genre. — Aires interambulacraires assez réduites, portant à la base deux rangées de tubercules semblables à ceux des ambulacres, au nombre de trois de chaque côté; il y en a un ou deux supplémentaires entre les deux rangées. Au-dessus de ces tubercules fixes, il y en a d'autres ordinairement caducs, en partie conservés, presque de même taille, parfaitement alignés avec ceux de la base, aussi bien dans les ambulacres que dans les interambulacres. Le test est couvert de stries et comme guilloché. — Péristome grand; mais la partie inférieure de notre exemplaire nous paraît déformée, et nous ne sommes pas sûr des dimensions exactes.

RAPPORTS ET DIFFÉRENCES. Le *C. Elissæ* se rapproche assez du *C. Aissa* du Cénomanien de l'Algérie; il en diffère, ainsi que de tous ses congénères, par la largeur de ses zones porifères et de ses ambulacres. On peut aussi le rapprocher du *C. Arnaudi :* il est moins haut, plus circulaire, et tandis que la largeur de ses ambulacres, par rapport aux interambulacres, est de 2/3, elle est de 5/11 dans le *C. Arnaudi.* Nous regrettons d'établir un type spécifique nouveau avec un seul exemplaire; mais il nous a paru se distinguer de toutes les autres espèces.

Djebel Aïdoudi, versant nord. – Santonien.

Le type est au Muséum de Paris.

II. TERRAINS TERTIAIRES.

SPATANGOÏDES.

Euspatangus Meslei Thomas et Gauthier, t. 5, fig. 37-39.

DIMENSIONS.

Longueur		Largeur		Hauteur	
Longueur	45 millim.	Largeur	40 millim.	Hauteur	15 millim.
—	48	—	42	—	16
—	56	—	50	—	20
—	61	—	56	—	28

Espèce déprimée, à circuit ovalaire, arrondie et à peine sinueuse en avant, rétrécie en arrière, et ayant sa plus grande épaisseur à la partie postérieure. Dessus peu élevé, convexe, déclive d'arrière en avant. Des-

sous plat, sauf une médiocre dépression autour du péristome, et un renflement peu accentué du plastron. Apex excentrique en avant. — Appareil apical compact et peu étendu; les pores génitaux sont très rapprochés
en forme de trapèze; le corps madréporiforme se prolonge sensiblement
en arrière de tout l'appareil. — Ambulacre impair différent des autres,
presque complètement superficiel; c'est à peine si, près du bord, on distingue une légère dépression. Zones porifères étroites, ne montrant qu'un
petit nombre de paires de pores, assez rapprochées près du sommet, puis
portées par des plaques étroites et hautes, de plus en plus distantes par
conséquent. Le sillon ambulacraire n'est pas sensible à la partie inférieure. — Pétales pairs antérieurs lancéolés, larges, très divergents,
presque perpendiculaires à l'axe antéro-postérieur. Zones porifères légèrement déprimées, formées de paires de pores unis par un sillon, au
nombre de vingt-quatre ou vingt-cinq par série. Pores largement ouverts,
les internes ronds, les externes acuminés. Les paires sont séparées par
un fort bourrelet granuleux; les plus rapprochées du sommet, dans la
zone antérieure, sont moins développées que les autres et comme atrophiées. Espace interzonaire très médiocrement renflé, plus large que l'une
des zones porifères. — Ambulacres postérieurs convergents, formant
entre eux un angle de 45 degrés, d'ailleurs semblables aux autres pour la
forme et la disposition des pores. Ils sont un peu plus longs que les antérieurs, moins sinueux, bien fermés à l'extrémité. — Péristome assez
éloigné du bord antérieur, aux 17/56, semi-lunaire, avec lèvre postérieure
labiée. — Périprocte grand, presque rond, légèrement ovale, occupant
à peu près toute la face postérieure, qui est formée par une troncature
très restreinte du test. — A la face supérieure, de gros tubercules primaires, crénelés et perforés, placés dans des scrobicules circulaires dont
ils n'occupent pas exactement le milieu, forment quatre rangées concentriques irrégulières, dans les interambulacres pairs; l'aire impaire postérieure en est dépourvue. Ils sont limités par le fasciole péripétale qui laisse
en dehors une bande granuleuse, passant plus près du bord en avant
qu'en arrière. Fasciole sous-anal en large écusson. La face inférieure est
ornée de tubercules nombreux et assez développés, occupant les côtés. Ils
sont interrompus par les avenues ambulacraires larges et granuleuses. Le
plastron, saillant à la partie médiane, et comme caréné, commence à
1 centimètre environ du péristome, auquel il est relié par une plaque
pentagonale, étroite et longue, dont l'extrémité antérieure forme la lèvre
saillante. Le plastron est triangulaire, restreint, et couvert de tubercules
analogues à ceux qui ornent les côtés de la face inférieure.

RAPPORTS ET DIFFÉRENCES. Les exemplaires jeunes de l'*E. Meslei*, avec leur bord

antérieur presque intact, leur forme déclive d'arrière en avant, leurs pétales antérieurs presque perpendiculaires à l'axe de l'oursin, ressemblent singulièrement à
l'*E. cruciatus* Peron et Gauthier du Kef Iroud, en Algérie. Ils ne s'en distinguent
que par leur apex, placé un peu moins en avant, et les tubercules primaires des
interambulacres un peu moins gros. Mais l'espèce tunisienne atteint une taille bien
plus considérable que l'espèce algérienne, et ce sont les grands exemplaires qu'on
rencontre le plus abondamment. L'épaisseur de la partie postérieure augmente
avec la taille. Comparée à l'*E. formosus* de Loriol, du Nummulitique de l'Égypte,
notre nouvelle espèce s'en distingue facilement par son sillon antérieur moins
marqué et échancrant moins le bord, par ses pétales ambulacraires bien moins
longs, par ses tubercules primaires de la face supérieure formant des rangées
moins nombreuses. A taille égale, ces différences sont très frappantes.

Rive droite de l'Oued Cherichira. — Calcaire gréseux et ferrugineux à Nummulites.
Il a été également recueilli en grande abondance par M. Le Mesle sur la rive gauche
du même cours d'eau.

Le type est au Muséum de Paris.

Euspatangus Cossoni Thomas et Gauthier, t. 6, fig. 1-3.

DIMENSIONS.

Longueur		Largeur		Hauteur	
Longueur	58 millim.	Largeur	54 millim.	Hauteur	25 millim.
—	60	—	56	—	30
—	60	—	55	—	29

Espèce d'assez grande taille, à pourtour ovalaire légèrement anguleux,
fortement échancrée en avant, rétrécie et tronquée en arrière. Face supérieure convexe, un peu plus élevée en arrière, où la suture dorsale est
carénée. Dessous à peu près plat, sauf la dépression du péristome et l'extrémité postérieure du plastron qui finit en carène. Le point culminant est
aux deux tiers postérieurs. Apex excentrique en avant, aux 24/60. — Appareil apical peu étendu : quatre pores génitaux très rapprochés; les cinq
plaques ocellaires dans les angles extérieurs, et, relativement, assez distantes; le corps madréporiforme dépasse en arrière le reste de l'appareil. —
Ambulacre impair différent des autres, logé dans un sillon sensible dès le
sommet, s'élargissant et se creusant à mesure qu'il s'en éloigne, large à
l'ambitus de 15 millimètres, et profond de 4. Zones porifères peu développées, formées de pores ronds, obliquement disposés et séparés par un
granule dans chaque paire. L'espace interzonaire est médiocrement large
et couvert de granules inégaux, dont quelques-uns assez gros. — Pétales
pairs superficiels, larges, surtout les postérieurs, fermés à leur extrémité,
à peu près égaux en longueur (21 millimètres). Les antérieurs sont très
divergents, presque perpendiculaires à l'axe, flexueux. Zones porifères un
peu inégales, la postérieure étant légèrement plus large que l'autre. Pores
largement ouverts, les internes ronds, les externes un peu plus allongés;

il y en a vingt-six paires par série. Dans la zone antérieure, les huit paires
les plus rapprochées de l'appareil sont très réduites et presque atrophiées.
Espace interzonaire aussi large que les deux zones réunies, couvert d'une
granulation grossière, au milieu de laquelle émergent, irrégulièrement
alignés, d'assez nombreux tubercules secondaires. Pétales postérieurs bien
développés, larges, convergents, formant entre eux un angle de 45 degrés, presque droits. Les zones porifères sont égales en largeur, l'antérieure un peu arquée; elles comptent le même nombre de paires que dans
les ambulacres antérieurs. Espace interzonaire égal à la moitié de la largeur totale du pétale, qui est de 9 millimètres; il est orné comme dans
les ambulacres antérieurs. — Les quatre aires interambulacraires paires
sont garnies de nombreux tubercules primaires, crénelés, perforés, scrobiculés, formant quatre ou cinq séries concentriques irrégulières. L'interambulacre postérieur ne porte pas de tubercules primaires. Un fasciole
péripétale un peu anguleux, sinueux en arrière, limite les gros tubercules :
en avant, il passe assez près du bord; il en est éloigné de 9 millimètres à
l'extrémité des pétales pairs antérieurs, et de 15 à l'endroit où il coupe
la carène postérieure. En dehors du fasciole, la face supérieure est couverte
d'une granulation fine et régulière. — Péristome semi-lunaire, placé au
tiers antérieur, labié en arrière. Les *peripodia* [1], enfermés dans une fossette
ovale ou circulaire, montrent deux pores inégaux, en virgule ou linéaires,
s'ouvrant dans une ampoule calcaire dont le sommet les sépare. Il y en
a quatre ou cinq dans chaque zone des ambulacres pairs, mais deux ou
trois seulement dans l'impair antérieur. Les avenues ambulacraires postérieures sont très larges et portent des granules fins et peu serrés. Le plastron, assez réduit et triangulaire, est couvert de petits tubercules saillants; il ne commence qu'à 10 millimètres du péristome, auquel il est
relié par une plaque aiguë d'abord, pentagonale, allongée et étroite, et
dont l'extrémité forme la lèvre granuleuse du péristome. Les côtés de la
face inférieure sont, comme le plastron, garnis de tubercules secondaires.
Le fasciole sous-anal est très étendu en largeur, et remonte presque jusqu'à la base du périprocte.

RAPPORTS ET DIFFÉRENCES. L'*E. Cossoni* est voisin de l'*E. ornatus* Agassiz, dont
il se distingue facilement par sa forme plus large, par ses ambulacres plus développés, se rapprochant davantage du bord, par ses tubercules primaires formant
des séries plus nombreuses, par son sillon antérieur plus profond. On peut le
comparer aussi à l'*E. formosus* de Loriol : il a les pétales ambulacraires moins
longs, moins effilés, le sillon antérieur plus accusé, et l'ensemble du test a un
aspect plus large. On ne saurait le confondre avec l'*E. Meslei* qui habite la même

---

[1] Lovén, *On Pourtalesia*, 57, t. 12.

localité; son sillon antérieur bien dessiné et entamant fortement le bord l'en distingue tout d'abord; ses tubercules primaires sont plus nombreux, ses ambulacres, surtout les postérieurs, plus larges, et le fasciole péripétale passe plus près du bord en avant.

Djebel Cherichira, Djebel Nasser-Allah. – Calcaires gréseux supérieurs à Nummulites. — Nous en connaissons dix exemplaires, dont cinq bien conservés.

Schizaster africanus P. de Loriol *Descript. des Échin. du Nummul. d'Égypte*, 5, t. 1, fig. 2, et *in Mém. Soc. de Phys. de Genève*, XVII [1863]; Fraas *Geologisches aus dem Orient, in Wurtemb. Jahreshefte*, 279 [1867]; L. Lartet *Géol. de la Palestine, in Ann. sc. géol.*, III, 84 [1872]; de Loriol *Monogr. des Échin. contenus dans les couches nummulitiques de l'Égypte*, 61, t. 8, fig. 13-14 [1880]; de Loriol *Eocäne Echinoideen aus Aegypten und der libyschen Wüste*, 49, t. 11, fig. 1 [1881].

Espèce de grande taille, élevée, renflée, largement ovale, presque aussi large que longue à la face inférieure, mais plus allongée si on la regarde de la face supérieure, par suite du prolongement de l'aire interambulacraire postérieure au-dessus de l'aire périproctale. Bord antérieur médiocrement entamé par le sillon impair; dessous pulviné, renflé, avec plastron assez saillant. Apex très excentrique en arrière. — Appareil génital peu visible sur nos exemplaires; il n'y a que deux pores génitaux, les postérieurs. — Ambulacre impair logé dans un sillon étroit, très profond, avec parois verticales et excavées. Ce sillon s'atténue en approchant du bord, et n'y cause qu'une faible entaille. — Ambulacres pairs antérieurs longs, flexueux, creusés, bien limités. Zones porifères larges, relevées en partie contre la paroi, montrant des paires de pores peu serrées. Pores bien ouverts, allongés; espace interzonaire moins large qu'une des zones. — Ambulacres postérieurs beaucoup plus courts, dépassant à peine la moitié des autres, droits, profonds, peu élargis, acuminés à l'extrémité. — Le fasciole péripétale, bien accusé, suit de près le bord des sillons ambulacraires, et remonte très haut dans les interambulacres latéraux. En arrière, il fait un pli considérable; en avant, il traverse l'aire interambulacraire en diagonale, remontant jusqu'au tiers de l'ambulacre pair pour atteindre le sillon antérieur, puis il descend en suivant la carène de ce sillon, pour le traverser aux deux tiers de sa longueur, formant ainsi un pli très prononcé dans l'aire interambulacraire antérieure. Fasciole latéro-sous-anal se détachant assez loin de l'ambulacre pair antérieur, et formant sous le périprocte un pli accentué. — Péristome assez éloigné du bord, avec lèvre postérieure large et très saillante. — Périprocte situé au sommet de la face postérieure qui est déprimée au milieu, et surplombée par un rostre assez étendu, que forme l'aire interambulacraire supérieure. — Tubercules petits et serrés à la face supérieure, plus développés en dessous, surtout en avant du péristome, plus fins et très serrés sur le plastron, où ils forment des rangées très régulières disposées en chevrons. Les tubercules eux-mêmes sont portés par des lamelles hexagones, allongées, à demi imbriquées, dont ils occupent la partie antérieure.

M. de Loriol a eu l'obligeance de comparer nos exemplaires à ceux du Mokattam, et les a trouvés parfaitement identiques. L'un d'eux, mieux conservé, montre le rostre postérieur beaucoup plus développé que dans la figure de la *Monographie des Échinides nummulitiques de l'Égypte*, qui indique une cassure en cet endroit; la direction du fasciole péripétale à la partie antérieure se trouve aussi mieux indiquée.

Djebel Cherichira. – Calcaires gréseux supérieurs ferrugineux à Nummulites, avec l'*Echinolampas Perrieri*.

CASSIDULIDÉES.

Echinolampas Goujoni Pomel *in Comptes rendus Acad. sc.* [janvier 1888]; *Échinides*, t. 6, fig. 12-14.

Espèce de taille relativement très petite, variable dans sa forme, à pourtour tantôt ovalaire, tantôt subpentagonal, rétrécie, mais rarement rostrée en arrière, ayant sa plus grande largeur aux deux tiers postérieurs. Face supérieure convexe, quelquefois légèrement conique; face inférieure peu déprimée; bord épais. Apex excentrique en avant. — Appareil apical compact, avec quatre pores génitaux bien ouverts, et le corps madréporiforme occupant le centre. — Pétales ambulacraires relativement bien développés; zones porifères assez larges; pores petits, inégaux, les externes un peu plus allongés que les internes; ils sont conjugués par un faible sillon. Ambulacre impair plus court et un peu plus étroit que les autres, moins bien fermé, avec zones porifères ordinairement de même longueur; quelquefois cependant l'une ou l'autre dépasse de quelques paires de pores. — Ambulacres pairs antérieurs lancéolés, avec zones sensiblement inégales, la postérieure ayant cinq ou six paires de plus que l'autre. — Ambulacres postérieurs plus longs et plus larges, également lancéolés, avec zones tantôt égales, tantôt un peu plus longues l'une que l'autre. L'espace interzonaire est légèrement costulé et finit en pointe dans tous les ambulacres pairs. — Péristome situé dans une dépression le plus souvent peu sensible; il est de médiocre grandeur, nettement pentagonal, avec phyllodes bien marqués, à quatre rangées, et bourrelets médiocres. — Périprocte inframarginal, placé tout à fait sous le lobe terminal qu'il entame quelquefois, mais peu et rarement, transverse, peu développé. Une raie lisse va du péristome au périprocte.

RAPPORTS ET DIFFÉRENCES. Cette petite espèce est très abondante en Tunisie, et elle était décrite dans le présent travail avant que M. Pomel en eût fait la découverte au Djebel Dekma, en Algérie. Sa taille la rapproche de l'*E. Crameri* de Loriol, qu'on rencontre en Égypte à un niveau un peu plus élevé : l'*E. Goujoni* atteint un développement un peu plus considérable; la forme en est plus régulière, moins tourmentée à la face inférieure; le péristome est pentagonal au lieu d'être irrégulièrement triangulaire, le floscelle est plus développé; le périprocte est moins oblique généralement. On peut aussi rapprocher notre espèce de l'*E. Mattseensis* Quenstedt, de l'Éocène de Mattsee, au nord de Salzbourg. Ce dernier se distingue facilement par sa forme très allongée, par ses zones porifères beaucoup plus inégales, et surtout par son péristome triangulaire, presque en amande dans le sens de la largeur.

Djebel Cherichira. – Djebel Nasser-Allah. – Calcaires éocènes inférieurs à *Ostrea multicostata.*

Echinolampas Perrieri de Loriol *Monogr. Échin. couches numm. Égypte,* 39, t. 5, fig. 2 [1880], et *Eocaene Echin. aus Aegypten und der lib. Wüste,* 25, t. 7, fig. 2-3 [1881].

Espèce d'assez grande taille, à pourtour régulièrement ovale, convexe à la partie supérieure et parfois subconique, peu élevée d'ailleurs; bord épais; face inférieure médiocrement déprimée autour du péristome. Apex excentrique en avant, aux 45/100 de la longueur. — Appareil apical peu développé; le corps madréporiforme occupe le centre, et les pores génitaux et ocellaires se groupent autour, tous très petits. — Ambulacres assez longs, costulés, l'antérieur plus court et souvent plus étroit que les autres, toujours mal fermé. Ambulacres pairs antérieurs flexueux, formés de zones inégales : l'antérieure est à peu près droite, et la postérieure forme un arc dont l'extrémité tend à rejoindre l'autre zone; elle compte environ dix paires de plus; l'espace interzonaire est plus large que les deux zones réunies. — Ambulacres postérieurs plus longs et plus larges que les autres, mal fermés; la zone antérieure est arquée et dépasse de quelques paires seulement l'autre zone qui est à peu près droite. — Péristome excentrique en avant, s'ouvrant à peu près sous l'apex, peu enfoncé, pentagonal, entouré de bourrelets peu saillants et d'un floscelle bien visible. — Périprocte inframarginal, placé très près du bord, transverse, visible seulement de la face inférieure.

La plupart de nos exemplaires sont complètement conformes aux figures données par M. de Loriol et à la description qui les accompagne. Le périprocte, qui n'est visible sur aucun des individus provenant de l'Égypte, l'est sur le plus grand nombre de nos sujets tunisiens, et ne présente rien de particulier. Mais à côté de ces exemplaires qui n'offrent aucune divergence appréciable avec le type, nous en avons quelques autres qui s'en écartent un peu, et qui, néanmoins, ne nous paraissent pas pouvoir en être séparés. La différence est dans le pourtour qui, au lieu de former un ovale parfait, atteint sa plus grande largeur au tiers postérieur, et qui de là se rétrécit plus subitement et forme en arrière un lobe un peu moins ar-

Échinides. 7

rondi. Ce rétrécissement est peu considérable; il se produit ordinairement quand la partie postérieure est moins épaisse, ce qui est probablement le résultat d'une compression dans les couches où le test s'est fossilisé. Peut-être aussi, cette partie plus anguleuse est-elle une variation naturelle de l'espèce, que M. de Loriol n'a pas connue, parce qu'il n'a eu à sa disposition qu'un petit nombre d'exemplaires, dont aucun n'est bien conservé à la partie postérieure. Tous les autres détails, dimensions, disposition des ambulacres, zones porifères arquées, zones interporifères légèrement costulées, granulation, raie lisse du péristome au périprocte, sont parfaitement conformes au type. L'un de nos exemplaires présente même à l'ambulacre pair antérieur de droite un étranglement entièrement semblable à celui que M. de Loriol a figuré (t. 5, fig. 4) dans ses *Eocaene Echinoideen* cités dans la synonymie.

Oued Cherichira, sur les deux rives; Djebel Nasser-Allah. – Calcaires gréseux et ferrugineux nummulitiques.

Echinolampas cepa Thomas et Gauthier, t. 6, fig. 10-11.

DIMENSIONS.

| Longueur | 45 millim. | Largeur | 45 millim. | Hauteur | 23 millim. |
| — | 53 | — | 53 | — | 25 |

Espèce subcirculaire, uniformément convexe à la partie supérieure, parfois subconique; bord épais; dessous pulviné, assez fortement déprimé autour du péristome. Apex à peu près central, légèrement porté en avant. — Pétales ambulacraires inégaux, l'antérieur impair étant un peu moins développé que les autres, et les postérieurs plus longs. Zones porifères assez étroites, formées de pores ovalaires ou ronds, conjugués, les externes plus allongés que les internes. Dans les ambulacres pairs antérieurs, la zone antérieure est plus courte et s'arrête subitement, la postérieure est plus longue de neuf ou dix paires et sensiblement arquée. Dans les ambulacres postérieurs les zones sont presque égales en longueur, et l'antérieure est un peu plus courbée; l'extrémité est toujours ouverte. Espace interzonaire granuleux comme tout le test, large et légèrement costulé. — Péristome presque central, un peu porté en avant, comme l'apex, placé dans une dépression assez sensible, grand, pentagonal. Les phyllodes sont peu visibles sur nos exemplaires encroûtés d'oxyde de fer. — Périprocte ovale, transverse, de médiocre grandeur, inframarginal.

RAPPORTS ET DIFFÉRENCES. Notre espèce a, dans ses ambulacres, beaucoup de rapports avec l'*E. Perrieri*, qu'on trouve dans la même localité; les antérieurs pairs paraissent seulement un peu plus courts; l'épaisseur du test est aussi à peu près la même. Elle s'en distingue par sa forme plus courte, circulaire et non pas ovale, aussi large que longue; par son péristome qui est plus enfoncé. Sa forme arrondie rapproche l'*E. cepa* de l'*E. discoideus* d'Archiac, qui est plus ovale, avec l'ambulacre antérieur plus développé, les zones porifères moins arquées et moins inégales dans les ambulacres pairs antérieurs. La différence est bien plus accentuée encore si, au lieu des figures données par d'Archiac, on rapproche de notre type les grands exemplaires figurés par MM. Duncan et Sladen [1]. L'*E. rotunda*, des mêmes auteurs, présente une forme plus haute, plus conique, des ambulacres plus longs. L'*E. discus* Desor se distingue facilement par sa forme plus ovale, ses ambulacres plus longs et plus ouverts. L'*E. similis* Agassiz, de l'Éocène supérieur de Blaye, offre également un pourtour circulaire et des ambulacres costulés; mais les deux espèces ne sauraient être confondues, l'espèce du sud-ouest de la France étant beaucoup plus plate en dessous, plus déprimée en dessus, et ayant ses pétales ambulacraires plus longs et moins larges. — Peut-être trouvera-t-on une affinité plus étroite entre l'*E. cepa* et les individus de grande taille de l'*E. Goujoni*, qui s'élèvent un peu au-dessus de l'horizon ordinaire à cette espèce. M. Thomas n'a recueilli que la petite taille, telle qu'on la voit au Djebel Dekma; mais, depuis, M. Le Mesle a recueilli soit au Djebel Cherichira, soit au Djebel Trozza une quantité considérable d'*E. Goujoni*, le plus grand nombre offrant la taille réduite de la variété qui habite les couches à *Thagastea*; d'autres, plus développés, arrondis, très variés de forme, s'écartent davantage du type premier, sans qu'on puisse les en séparer spécifiquement. Les *Thagastea* deviennent rares à ce niveau, et sont remplacés par l'*Anisaster gibberulus* et le *Schizaster africanus*. Notre espèce nouvelle, qui rappelle de bien près quelques-uns de ces grands individus, pourrait bien n'être qu'une dernière modification du type, qui a vécu à un niveau plus élevé, qui s'est plus amplement développée, et qu'il n'est plus facile d'identifier complètement avec le type du niveau inférieur, tout en reconnaissant entre eux une étroite parenté.

Djebel Cherichira. – Calcaires gréseux à Nummulites. La gangue paraît moins ferrugineuse que pour les autres espèces de cet horizon.

Le type est au Muséum de Paris.

Genre **PLIOLAMPAS** Pomel.

Plesiolampas Pomel (non Duncan et Sladen) *Genera*, 62 [1883]; *Paléont. Alg.*, fasc. II 122 [1885]; *Pliolampas* Pomel in *Bull. Soc. géol.*, série 3, XVI, 446 [1888].

En 1883, M. Pomel établissait le sous-genre *Plesiolampas* pour un petit Échinide décrit par M. Cotteau [2] sous le nom d'*Echinolampas Gauthieri*. Ce sous-genre, établi sur une seule espèce, dont M. Pomel ne pouvait connaître que les figures indiquées, espèce établie elle-même sur deux exemplaires assez mal conservés, n'avait pas des bases bien solides, et avait de plus, à nos yeux, le tort d'être un sous-genre.

Depuis, M. Pomel a continué ses recherches de ce côté, et il a abouti à étendre la portée de son sous-genre, et à en faire un genre véritable, dont la diagnose diffère un peu de celle donnée en 1883, ce qui n'a rien d'étonnant, puisqu'elle repose sur l'examen de plusieurs espèces dont chacune a apporté sa quote-part à la synthèse générique.

---

[1] *Nari series*, t. 41.
[2] Cotteau, *Échinides nouveaux ou peu connus*, série 1, 227, t. 23.

7.

De notre côté, nous nous sommes occupé de recherches analogues, en étudiant des matériaux qui nous sont venus de Tunisie, et nous avons abouti à la même conclusion que M. Pomel, c'est-à-dire à la nécessité d'introduire dans la méthode un genre nouveau. Il nous semble que ce genre doit se confondre avec celui de notre savant confrère; mais il faudra encore rendre la diagnose un peu plus élastique; autrement nos exemplaires n'y pourront pas entrer; et nous regretterions d'avoir à créer un second genre pour des différences si peu considérables. Tout d'abord notons les affinités : la taille, la forme ovalaire, plus ou moins élargie, n'offrent aucune difficulté. Le périprocte est marginal, tout à fait à la marge postérieure, oblique sur le pourtour, couvert à la partie supérieure par un léger rostre terminal. C'est exactement la même disposition que dans le *Pliolampas Gauthieri* et le *Pl. (Pygorhynchus) Vassali*. L'apex est excentrique en avant; la partie inférieure est déprimée près du péristome, et une raie lisse s'étend de celui-ci au périprocte, caractère qui a dû frapper les auteurs qui ont rangé des espèces analogues dans le genre *Pygorhynchus*.— Les différences commencent avec les pétales ambulacraires, que M. Pomel dit être courts, et qui sont longs chez nos sujets tunisiens; ce qui ne nous paraît guère être qu'un caractère spécifique; d'ailleurs ces pétales sont mal fermés, comme dans le *Pl. Gauthieri*, les paires sont assez distantes, et les pores sont bien conjugués quand le test n'est pas trop usé. — Le périprocte, placé exactement comme dans le *Pl. Gauthieri*, n'a pas tout à fait la même forme : il est large, sans doute, mais il est allongé. Dans l'espèce à laquelle nous comparons notre nouveau type, il est plutôt irrégulièrement arrondi; mais s'il y a un côté qui l'emporte sur l'autre, c'est celui de la longueur. A mettre un exemplaire de chaque espèce à côté l'un de l'autre, la différence est insignifiante. — Le péristome s'écarte aussi légèrement de la diagnose donnée; il est entouré d'un floscelle large et apparent, avec quatre rangées dans chaque phyllode; et nous voyons avec satisfaction que M. Pomel dit qu'il est « pourvu de phyllodes mieux caractérisés » que dans le genre *Echinolampas*. La diagnose de 1883 disait : « phyllodes simplement marqués par quelques pores plus gros ». C'était une appréciation incertaine, causée par les figures de l'*E. Gauthieri*, dont les deux seuls exemplaires connus ont le péristome déformé et empâté. Nous sommes donc d'accord pour les phyllodes. Mais sur nos exemplaires, le péristome, pentagonal, est large au lieu d'être allongé : c'est la divergence la plus grave. Dans le *Pl. Gauthieri*, le péristome a été figuré étroit et allongé; il est déformé, comme nous l'avons dit plus haut, le test a été comprimé latéralement, et le péristome, un peu replié sur lui-même, paraît plus étroit qu'il ne l'était probablement. Ce péristome étant, pour toutes les espèces, droit et pentagonal, est-ce bien un caractère générique qu'il soit un peu plus large ou un peu plus long? Nous aimerions mieux ne voir encore là qu'une différence spécifique, les phyllodes et les bourrelets étant semblables.

Pour nous résumer, nos exemplaires tunisiens présentent tous les caractères du nouveau genre de M. Pomel, sauf qu'ils ont les ambulacres plus longs, le périprocte un peu plus allongé et le péristome plus large. A notre avis, il n'y a pas lieu de les séparer génériquement. Si pourtant d'autres échinologistes trouvaient qu'il y a lieu de faire pour ces oursins une nouvelle coupe générique, ils reprendraient alors le nom de *Gitolampas*, que nous leur avions donné dans notre manuscrit,

alors que le nom de *Plesiolampas*, indiqué par M. Pomel, ne pouvait être maintenu.

Pliolampas tunetana Thomas et Gauthier, t. 6, fig. 7-9.

DIMENSIONS.

Longueur	23 millim.	Largeur	21 millim.	Hauteur	13 millim.
—	27	—	25	—	14
—	32	—	29	—	15

Espèce de taille moyenne, à pourtour ovalaire, un peu rétrécie en
avant, ayant sa plus grande largeur aux deux tiers postérieurs, subrostrée
en arrière. Face supérieure convexe, peu élevée; bord arrondi, épais;
face inférieure pulvinée sur les bords, sensiblement déprimée autour du
péristome. Apex excentrique en avant, aux 14/32. — Appareil apical de
grandeur moyenne, montrant quatre pores génitaux bien ouverts disposés
en trapèze. Le corps madréporiforme occupe tout le milieu, et déborde
même un peu en arrière. — Pétales ambulacraires mal fermés, superficiels, longs et larges, inégaux. Ceux du trivium ont à peu près les mêmes
dimensions; les postérieurs sont plus longs. Zones porifères relativement
assez larges; pores conjugués par un sillon bien marqué, les externes
ovalaires, acuminés, les internes ronds; les paires sont séparées par une
petite cloison granuleuse. L'espace interzonaire, tuberculé comme le reste
du test, est à peu près aussi large que les deux zones réunies. — Péristome pentagonal, de dimensions moyennes, plus large que long. Bourrelets médiocres; phyllodes bien marqués, larges, mal fermés, ayant quatre
rangées. — Périprocte assez large, un peu allongé, marginal, oblique
sur le bord et bien visible de derrière quand l'oursin est posé sur une
table. Le rostre interambulacraire, qu'il découpe en partie, le couvre à
la partie supérieure d'une petite expansion du test; à la partie inférieure,
il y a comme un rudiment de sillon qui se perd dans la raie lisse qui va
du périprocte au péristome. — Tubercules nombreux, semblables à ceux
des Échinolampes, plus gros en dessous qu'en dessus; une granulation
très visible remplit les intervalles.

RAPPORTS ET DIFFÉRENCES. La forme élargie en arrière qu'affecte notre espèce, la
largeur de son péristome, son périprocte un peu allongé et recouvert par une légère expansion du test, la séparent facilement de ses congénères.

Djebel Blidji; Djebel Chebika; Midès. — Cette espèce occupe un horizon calcaréo-
marneux, riche en pinces de *Callianassa*, qui nous paraît être au début même des
terrains tertiaires. Dans le désert libyque et en Égypte, d'après M. Zittel, on trouve
également un horizon à *Callianassa*, avec des *Sismondia*, *Rhynchopygus*, *Amblypy-
gus*, *Macropneustes*, etc., qui indiquent bien un terrain tertiaire.

Le type est au Muséum de Paris.

FIBULARIDÉES et SCUTELLIDÉES.

Thagastea Wetterlei Pomel in *Comptes rendus Ac. sc.*, janvier 1888; *Échinides*, t. 6, fig. 25-30.

Espèce de petite taille, allongée, fortement rétrécie à la partie antérieure, renflée en dessus et souvent subconique dans les exemplaires les plus développés. Face inférieure ordinairement plate, quelquefois légèrement déprimée, ou bien, au contraire, légèrement pulvinée. Apex central ou un peu excentrique en avant. — Appareil apical peu développé, montrant quatre pores génitaux en trapèze, avec le madréporide qui forme bouton au milieu. Les pores ocellaires ne sont pas visibles. Nous croyons cependant avoir reconnu plusieurs fois la présence de plusieurs d'entre eux sur les individus de grande taille : ils se présentent sous la forme d'un pore linéaire, placé au-dessus de la dernière paire, dans l'ambulacre impair ou dans les postérieurs. Mais il s'en faut de beaucoup qu'on voie ce pore sur tous les sujets, et nous ne pouvons pas affirmer que ce soit bien un pore ocellaire. — Ambulacres à fleur de test, avec la partie interzonaire parfois légèrement renflée, surtout dans le pétale antérieur et chez les individus trapus. Zones porifères étroites, ouvertes à leur extrémité, composées de pores ronds, rapprochés dans chaque paire. Au bas du pétale, les pores deviennent fortement obliques, puis cessent d'être visibles. L'ambulacre impair est ordinairement un peu plus large et un peu plus long que les autres. L'espace interzonaire est plus large que l'une des zones, et couvert des mêmes tubercules que le reste du test. — Péristome central, petit, oblique, ovale ou rudimentairement pentagonal. A l'endroit où aboutit chaque ambulacre, on voit deux ou trois pores buccaux arrondis, et le bord des lèvres est orné d'une couronne de fins granules. Tous les exemplaires de moyenne et de grande taille montrent en avant du péristome un petit sillon étroit et assez allongé, souvent irrégulier, où s'appuyait sans doute un tentacule branchial. On le voit moins sur les exemplaires de petite taille où il est à l'état rudimentaire. Quelques individus de grande dimension offrent aussi une légère dépression à l'endroit où les ambulacres pairs atteignent le péristome. — Périprocte très petit, régulièrement ovale, à fleur de test, à mi-distance entre la bouche et le bord postérieur, ordinairement un peu plus rapproché du péristome.

Le genre *Thagastea,* créé récemment par M. Pomel, a les plus grands rapports avec les vrais *Fibularia.* Toute la partie supérieure du test n'offre aucune différence appréciable; à la partie inférieure le périprocte et le péristome sont encore dans la même situation relative. L'aplatissement de la face inférieure, sur lequel insiste particulièrement l'auteur, tout en offrant un caractère commode pour la classification, ne nous paraît guère avoir qu'une valeur spécifique. Mais l'examen minutieux du péristome offre quelques particularités qui justifient jusqu'à un certain point l'établissement d'un genre nouveau. Dans le *Fibularia ovulum*, qui vit dans l'océan Indien, le péristome est à peu près rond, muni de très fines entailles. Dans les *Thagastea*, le péristome est plutôt ovale ou obliquement pentagonal; et la présence du petit sillon que nous avons signalé à la partie antérieure du péristome ajoute encore à la particularité de cet organe. Le même tentacule branchial existe sans doute chez les *Fibularia*, mais il y est moins accentué, et les traces en sont presque invisibles. Nous ferons observer en outre qu'à la face inférieure, chez tous les exemplaires bien conservés, surtout autour du péristome et dans les aires ambulacraires, le test nous a paru criblé, comme chez les *Echinocyamus*. Nous ne voulons pas pour cela essayer de rapprocher les *Thagastea* des *Echinocyamus*; M. Pomel a fort bien démontré combien les ambulacres se comportent différemment à la face inférieure. Mais le fait que nous signalons ici et que nous croyons avoir nettement reconnu après un long et minutieux examen a une importance que l'on comprendra facilement, car il n'y a rien de pareil dans les vrais *Fibularia*. Si cependant les très nombreuses ponctuations microscopiques que nous avons observées n'avaient point la signification que nous leur attribuons, la valeur du nouveau genre se trouverait diminuée d'autant, car les caractères distinctifs qui le séparent des vrais *Fibularia* seraient bien peu nombreux et bien peu importants. Quant à l'absence d'ambulacres en côtes de melon, que signale M. Pomel, nous ne connaissons ces renflements ni sur l'espèce de la craie supérieure, ni sur la seule espèce vivante que nous ayons entre les mains, le *F. ovulum*. Les ambulacres de certains exemplaires de *Thagastea* sont certainement aussi renflés; ou plutôt les uns et les autres ne le sont que dans des proportions négligeables.

M. Pomel regarde les *Thagastea* comme les seuls représentants des *Fibularia* à l'époque tertiaire. Il n'en est rien, puisque nous décrivons ici une espèce éocène complètement analogue dans sa forme à l'espèce de l'océan Indien. Et nous ajouterons qu'il est probable qu'on retrouvera quelque jour un autre anneau de la chaîne dans les terrains supérieurs.

RAPPORTS ET DIFFÉRENCES. Le *Th. Wetterlei* est extrêmement abondant en Tunisie. Après M. Thomas qui l'a rencontré le premier, mais assez rarement, sur la rive droite de l'Oued Cherichira, M. Le Mesle en a recueilli près d'un millier sur la rive gauche du même cours d'eau. Il n'est pas moins abondant en Algérie, au Djebel Dekma, où M. Wetterlé l'a recueilli à peu près à la même époque que M. Thomas en Tunisie. Les individus des deux gisements sont parfaitement identiques et présentent les mêmes variations. Les jeunes, de très petite taille, ressemblent singulièrement à l'*Echinocyamus Luciani* de Loriol, qui est aussi un *Thagastea*. Cependant, en examinant un certain nombre d'individus des deux espèces, on reconnaît que l'espèce égyptienne, bien que très allongée, est toujours un peu moins aiguë en avant que l'espèce tunisienne. De plus, elle reste toujours petite, du moins d'après les figures données par M. de Loriol et les exemplaires dont il a généreusement enrichi notre collection; tandis qu'au Djebel Dekma comme au Djebel Cherichira, le *Th. Wetterlei* atteint un développement relativement considérable, tantôt simplement renflé et allongé, tantôt relevé en cône à divers degrés.

Aïn-Cherichira, rive droite et rive gauche de l'oued, à la base du terrain éocène, avec l'*Echinolampas Goujoni*.

Fibularia Lorioli Thomas et Gauthier, t. 6, fig. 17-21.

DIMENSIONS.

Longueur....... 8 millim.	Largeur......... 7 millim.	Hauteur......... 5 millim.
— 9	— 7,5	— 6

Espèce de petite taille, renflée, de forme elliptique, aussi large en avant qu'en arrière. Face supérieure convexe, face inférieure bombée. Apex central. — Appareil apical peu développé, montrant quatre pores génitaux en trapèze, rapprochés, les postérieurs plus écartés que les antérieurs. Le corps madréporiforme est peu distinct. — Aires ambulacraires superficielles; pétales non fermés, aigus près du sommet, s'élargissant à mesure qu'ils s'en éloignent, courts; l'antérieur est plus large que les autres. Zones porifères bien développées, droites, composées de paires assez distantes de pores ronds, non conjugués. Il y a dix paires environ dans chaque zone et les dernières sont très obliques. Espace interzonaire étroit près du sommet, s'élargissant de plus en plus, moins large que les deux zones réunies, excepté dans l'ambulacre impair, où il est sensiblement plus développé. — Péristome central, à fleur de test, rond, petit. Sur aucun de nos exemplaires, il n'est assez nettement dégagé pour que nous ayons pu voir les fines entailles qu'on a peine à distinguer même sur les exemplaires vivants. — Périprocte petit, légèrement ovale, placé à la face inférieure à 1 millimètre et demi du péristome.

RAPPORTS ET DIFFÉRENCES. Le *F. Lorioli* a la plus étroite ressemblance avec le *F. subglobosa* (Goldfuss) Desor, qui appartient à la craie supérieure. C'est la même taille, le même renflement de la partie inférieure, la même disposition des ambulacres, avec un nombre de paires de pores à peu près égal. La seule différence que nous y voyions, c'est que la partie antérieure est un peu plus rétrécie dans l'espèce de Maëstricht, tandis que dans notre type la partie antérieure est exactement aussi large que la postérieure. Comparé au *F. ovulum* de même taille, le *F. Lorioli* est un peu plus allongé que le type vivant, ses ambulacres sont un peu mieux garnis et les dernières paires obliques s'étendent plus loin. On ne saurait confondre notre espèce avec le *Thagastea Wetterlei*, qui se rencontre dans la même localité, mais non dans la même couche. Ce dernier, avec sa partie antérieure très resserrée, ses longs ambulacres, sa face inférieure plate, se distingue facilement à première vue. Le péristome n'est point semblable non plus. Il nous paraît d'ailleurs inutile de revenir sur ces différences après ce que nous avons dit précédemment; les deux espèces ne risquent pas d'être confondues.

Aïn-Cherichira, rive droite de l'oued. – Éocène inférieur.

Scutellina concava Thomas et Gauthier, t. 6, fig. 22-24.

Longueur...... 11 millim. | Largeur........ 10 millim. | Hauteur......... 3 millim.

Espèce de forme ovale, mince, presque aussi large que longue, un peu plus rétrécie en avant qu'en arrière, convexe à la partie supérieure, et ayant son point culminant à l'apex. Bord tranchant; face inférieure fortement déprimée. Apex un peu excentrique en avant. — Appareil apical présentant quatre pores génitaux en trapèze, peu développé; le corps madréporiforme paraît n'occuper qu'une partie de l'espace intermédiaire. — Ambulacres assez longs, ouverts à l'extrémité, élargis néanmoins au milieu, et comme lancéolés. Les antérieurs pairs sont presque perpendiculaires à l'axe longitudinal; les postérieurs sont assez convergents. L'ambulacre impair est plus large que les autres, et le milieu est costulé. Zones porifères assez développées, formées de petits pores ronds. L'espace interzonaire est plus large que l'une des zones. — Péristome légèrement excentrique en avant, à peu près rond, placé dans une dépression très sensible. — Périprocte petit, rond, marginal, mais au-dessus du bord plutôt qu'au milieu.

RAPPORTS ET DIFFÉRENCES. Le *Sc. concava*, comparé au *Sc. lenticularis* Agassiz, en diffère par son sommet apical plus excentrique en avant, par son périprocte placé plus haut. Sa forme rappelle assez bien le *Sc. supera* Agassiz; mais cette dernière espèce a le périprocte tout à fait à la face supérieure, ce qui la distingue complètement de notre type. Le *Sc. rotunda* Forbes a le périprocte situé dans la même position que notre espèce; mais la forme est bien plus circulaire, l'apex plus central, les ambulacres sont plus étroits, le bord est plus épais et le dessous plus plat.

Djebel Nasser-Allah, base sud. – Calcaires à *Ostrea multicostata*. Éocène inférieur.

Scutella Bleicheri Thomas et Gauthier, t. 6, fig. 15.

Longueur..... 114 millim. | Largeur....... 132 millim. | Hauteur.... ... 12 millim.

Espèce de grande taille, très déprimée, beaucoup plus large que longue, symétrique, à bord tranchant, à pourtour légèrement tronqué en avant, onduleux à l'extrémité des pétales antérieurs, à peine sinueux à l'extrémité des postérieurs, arrondi en arrière. Apex un peu excentrique en arrière. — Appareil invisible sur nos deux exemplaires. — Pétales ambulacraires presque égaux, larges de 16 millimètres, longs de 36; les postérieurs finissent à 20 millimètres du bord; tous sont fermés à leur extrémité. Zones porifères larges de 6 millimètres, et ne laissant entre

elles qu'un espace interporifère de 4 millimètres. Les minces cloisons qui
séparent les paires de pores sont couvertes d'une granulation extrêmement fine et délicate. La face inférieure n'est point dégagée dans nos
exemplaires, et nous ne pouvons pas indiquer la position du périprocte,
qui devait être assez éloigné du bord, car nous ne l'avons pas rencontré
en dégageant le test jusqu'à 10 millimètres. Un fragment nous donne la
disposition des sillons inférieurs : ils se divisent en deux assez près du
péristome; et les deux rameaux principaux vont en ligne droite jusqu'au
bord; leur plus grand écartement est de 16 millimètres. Il y a deux ra-
mules de chaque côté, très distants l'un de l'autre, le plus bas à 10 millimètres du bord, le plus éloigné à 42.

Rapports et différences. Le *Sc. Bleicheri* nous paraît se distinguer de toutes
les espèces connues par sa grande largeur et par son bord à peine sinueux.
Comparé au *Sc. vindobonensis* Laube, il est plus rapidement élargi en partant de
l'avant, et sa plus grande largeur est placée moins en arrière, ce qui lui donne
un aspect tout différent. Notre espèce est en outre bien moins sinueuse à la partie
postérieure, et plus large proportionnellement à la longueur, les rapports étant de
114/100, tandis que le type de Laube ne donne que 110/100; à la face inférieure
les sillons sont anastomosés différemment. Le *Sc. gibercula* M. de Serres est également plus découpé à la partie postérieure, plus arrondi en avant, et les proportions de la largeur à la longueur sont de 108/100. Le *Sc. Paulensis* Agassiz est
ordinairement de plus petite taille, sa partie antérieure est plus étroite et plus arrondie; sa plus grande largeur est plus en arrière; les rapports de la largeur à la
longueur sont de 108/100. Notre type reste facilement distinct de tous ceux auxquels nous le comparons.

Djebel Cherichira. – Grès quartzeux supérieurs, à *Ostrea crassissima*. Miocène.

Amphiope cherichirensis Thomas et Gauthier, t. 6, fig. 16.

DIMENSIONS.

Longueur	Largeur	Hauteur
48 millim.	60 millim.	6 millim.

Espèce de moyenne taille, discoïde, très déprimée, à bord tranchant,
dont la longueur n'atteint que les quatre cinquièmes de la largeur. Pourtour arrondi en avant, entier à l'extrémité des ambulacres, fortement élargi
aux deux tiers postérieurs, et formant en arrière une courbe à long rayon,
presque une ligne droite. Apex central. — L'appareil n'est pas visible, le test
étant corrodé par le sable qui l'enveloppait. — Pétales ambulacraires égaux,
elliptiques, assez larges, longs de 13 millimètres, fermés. Zones porifères
larges, à pores très inégaux, les externes linéaires très allongés, les internes ronds. Espace interzonaire à peu près aussi large qu'une des zones,
la largeur totale de l'ambulacre étant de 6 millimètres. — Lunules un

peu plus rapprochées du bord que de l'extrémité des pétales postérieurs, elliptiques, ayant leur grand axe presque dans la continuation de celui de l'ambulacre postérieur, déviant légèrement en dehors. Leur longueur est de 8 millimètres, et leur largeur de 5. — Notre unique exemplaire est collé sur un bloc de sable qui ne nous permet pas d'en voir la face inférieure.

RAPPORTS ET DIFFÉRENCES. Aucune des espèces algériennes figurées par M. Pomel ne peut se rapprocher de la nôtre, qui s'en distingue complètement par sa grande largeur, son bord intact et ses lunules dirigées tout différemment. On peut la rapprocher, comme taille, de l'*A. bioculata* Agassiz; mais elle s'en écarte beaucoup par sa largeur bien plus considérable, proportionnellement à la longueur, par ses pétales plus longs et la direction de ses lunules. Elle s'éloigne encore plus de l'*A. perspicillata* Agassiz par son pourtour non sinueux, son bord postérieur presque droit et non prolongé. L'*A. truncata* Fuchs a les lunules dans la même direction, mais c'est à peu près le seul rapport qu'il y ait entre les deux espèces, cette dernière étant aussi longue que large, et les lunules étant à une grande distance des pétales et du bord. L'*A. arcuata* Fuchs, très voisine de la précédente, ne se rapproche pas davantage de notre type, qui reste toujours plus large que toutes les espèces connues jusqu'à ce jour.

Djebel Cherichira. – Grès quartzeux supérieurs à Scutelles et à *Ostrea crassissima*. Miocène.

CYPHOSOMATIDÉES.

GENRE ORTHECHINUS Gauthier.

Nous désignons par ce nouveau terme générique ceux des anciens Cyphosomes qui n'ont que trois paires de pores par plaque ambulacraire majeure, et qui offrent assez de différences avec le genre *Thylechinus* Pomel pour ne pouvoir pas y entrer sans conteste. Le nombre en est assez considérable; le cadre dont nous disposons ici est trop restreint pour que nous en entreprenions l'énumération : la disposition des pores ambulacraires que nous signalons et leurs gros tubercules interambulacraires formant plus de deux rangées les feront facilement reconnaître.

Nous en avons entre les mains deux types inédits : celui que nous allons décrire servira de diagnose à la fois au genre et à l'espèce.

Orthechinus tunetanus Thomas et Gauthier, t. 6, fig. 4-6.

DIMENSIONS.

Diamètre....... 28 millim. | Hauteur........ 12 millim.

Espèce circulaire, subpentagonale par suite du renflement des aires ambulacraires, peu élevée, déprimée à la partie supérieure, concave en dessous. — Zones porifères droites du sommet au péristome, formées de paires de pores directement superposées en série unique, s'infléchissant à peine pour former de petits arcs autour des tubercules, de la bouche à l'ambitus. Pores petits, arrondis, disposés par paires peu serrées, ne se multipliant ni près du sommet, ni près du péristome. Il n'y a que trois paires par tubercule ambulacraire : l'inférieure est portée par une plaquette entière qui se glisse entre les deux tubercules, les deux autres par deux plaquettes recouvertes et masquées par le tubercule qu'elles accompagnent. — Aires ambulacraires renflées, occupant en largeur les six dixièmes des aires interambulacraires, portant deux rangées de tubercules saillants, fortement crénelés, imperforés, au nombre de neuf dans chaque rangée. A partir du neuvième, qui n'est qu'aux deux tiers de la hauteur, ils diminuent tout à coup de volume, et l'on n'en voit plus que trois ou quatre, de plus en plus petits, et ne montant même pas jusqu'au sommet. Par suite du développement des gros tubercules, la zone intermédiaire est à peu près nulle, et l'on n'y aperçoit que quelques granules formant une ligne onduleuse qui suit la suture. Il n'y en a pas davantage à la partie supérieure de l'aire, peut-être par suite de l'usure du test. — Aires interambulacraires moins saillantes, portant deux rangées principales de gros tubercules semblables à ceux de l'ambulacre et montant jusqu'au sommet sans beaucoup diminuer de volume; il y en a de neuf à dix dans chaque série. Entre ces deux rangées, et au milieu de l'aire, se trouvent deux rangées secondaires, incomplètes, très irrégulières. Les tubercules de ces rangées secondaires sont aussi gros que ceux des principales; mais comme la zone qu'ils remplissent est trop étroite pour les contenir, ils sont presque alternes, et l'un des deux est atrophié, ou bien moins volumineux que le tubercule placé en regard. La disposition n'est d'ailleurs pas la même dans toutes les aires; et dans l'une d'elles, sans doute par cas pathologique, tous les tubercules secondaires de la rangée de gauche sont bien développés, et tous ceux de la droite atrophiés. Ces rangées secondaires ne commencent qu'un peu au-dessous de l'ambitus, et ne montent pas beaucoup au-dessus; elles ne comptent guère que quatre tubercules chacune. A la partie supérieure de l'aire, la zone miliaire est assez large et nue. Sur les bords, près des zones porifères et entre les tubercules se trouvent des granules peu nombreux, inégaux, quelques-uns assez gros. — L'appareil apical était peu développé, à en juger par l'empreinte, et circulaire. — Péristome enfoncé et d'assez grande dimension. Les lèvres interambulacraires sont plus larges que les ambulacraires.

Nous aurions voulu éviter la création d'un genre nouveau dans le démembrement des anciens *Cyphosoma*, car il y en a déjà trop; mais l'espèce que nous venons de décrire ne concorde bien avec aucun d'eux, et nous sommes forcé, pour nous faire comprendre, de donner un nom particulier à une coupe générique particulière. Nous aurions voulu suivre la simplicité de méthode exposée récemment par notre confrère et ami M. Lambert [1]. Cet échinologiste divise les *Cyphosoma* en trois genres :

1° Pores bisériés à la partie supérieure................... *Cyphosoma.*
2° Pores unisériés, plus de trois paires par plaque majeure..... *Coptosoma.*
3° Pores unisériés, trois paires par plaque majeure........... *Thylechinus.*

Le genre *Micropsis* est maintenu ; et une petite espèce néocomienne d'Algérie, que nous avions autrefois comprise dans les Cyphosomes, sous le nom de *Cyphosoma Heinzi,* parce qu'elle a les tubercules crénelés et imperforés, se trouvant en dehors de toutes les catégories précitées, par suite du manque de vrais tubercules dans les ambulacres, M. Lambert a eu la délicatesse de nous laisser le soin de lui trouver un nouveau nom générique ; nous l'appellerons *Leptechinus Heinzi* [2].

Notre type nouveau se trouverait ainsi compris dans le genre *Thylechinus.* Malheureusement M. Pomel, qui a créé le genre *Thylechinus,* ne l'entend pas tout à fait comme M. Lambert. Il l'a fondé sur une de nos espèces algériennes, dont l'appareil persistant a pu être étudié, et qui n'a que deux rangées de tubercules dans les ambulacres. M. Lambert admet la pluralité des rangées de tubercules, et même ainsi nous serions tenté de nous ranger à son avis, si nous avions la certitude que l'appareil de notre nouveau type est identique à celui du *Th. Said.* Or cet appareil manque dans l'oursin que nous étudions, et dans tous ceux qui présentent des caractères analogues. Il peut se faire que cet appareil, qui était petit, d'après l'empreinte qu'il a laissée, soit semblable à celui des *Thylechinus ;* mais nous n'en avons aucune preuve ; et dans le doute, comme déjà la disposition des tubercules est différente, il nous a semblé qu'il valait mieux employer un terme nouveau, que de nous exposer à admettre un rapprochement qui pourrait plus tard ne pas être justifié. Si, par des recherches ultérieures, on reconnaît que nos espèces peuvent entrer dans le genre *Thylechinus,* on supprimera notre nouveau genre, et nous ne le regretterons pas.

Djebel Cherichira. – Grès ferrugineux à Nummulites. Éocène moyen.

Le type est au Muséum de Paris.

---

[1] *Note sur un nouveau genre d'Échinide, in Bull. Soc. sc. de l'Yonne* [1888], 1ᵉʳ semestre, p. 13.
[2] Voir *Cyphosoma Heinzi* Peron et Gauthier *Échin. foss. Alg.,* fasc. II, 96, fig. 11-15.

RÉSUMÉ MÉTHODIQUE.

L'étude des Échinides recueillis par M. Thomas nous a donné 106 espèces, réparties entre 48 genres. La plus grande partie, et de beaucoup, appartient aux terrains crétacés, qui comptent 38 genres et 93 espèces, tandis qu'il n'a été recueilli dans les terrains tertiaires que 13 espèces comprises en 10 genres. Nous en résumons ici la liste méthodique. Dans ce Résumé, les caractères *italiques* indiquent les espèces et les genres nouveaux; la lettre A signifie que l'Échinide a été antérieurement recueilli en Algérie; la lettre E désigne les espèces existant également en Europe; Ég., en Égypte.

• SPATANGOÏDES.

15 genres, 35 espèces.

Hemipneustes africanus Deshayes. — A.
— Delettrei Coquand. — A.
Opisopneustes Cossoni Thomas et Gauthier.
Pseudholaster *Meslei* Thomas et Gauthier.
Holaster *sp.?*
Echinocorys *Lamberti* Thomas et Gauthier.
Epiaster incisus Coquand. — A.
— *Bleicheri* Thomas et Gauthier.
Enallaster Tissoti (Coquand *sp.*) Pomel. — A.
Heteraster oblongus (Du Luc *sp.*) d'Orbigny. — A., E.
Hemiaster africanus Coquand. — A.
— asperatus Peron et Gauthier. — A.
— *Auberti* Thomas et Gauthier.
— batnensis Coquand. — A.
— bibansensis Peron et Gauthier. — A.
— Chauveneti Peron et Gauthier. — A.
— consobrinus Peron et Gauthier. — A.
— *enormis* Thomas et Gauthier.
— Fourneli Deshayes. — A.
— Heberti (Coquand *sp.*) Peron et Gauthier. — A., E.
— latigrunda Peron et Gauthier. — A.
— Meslei Peron et Gauthier. — A.
— oblique-truncatus Peron et Gauthier. — A.
— pseudo-Fourneli Peron et Gauthier. — A.
— *Rollandi* Thomas et Gauthier.

Periaster *Charmesi* Thomas et Gauthier.
— *Fischeri* Thomas et Gauthier.
— *minor* Thomas et Gauthier.
Linthia Payeni Peron et Gauthier. — A.
Plesiaster *Cotteaui* Thomas et Gauthier.
— Peini (Coquand *sp.*) Pomel. — A.
Heterolampas Maresi Cotteau. — A.
TERTIAIRES. { Euspatangus *Cossoni* Thomas et Gauthier.
— *Meslei* Thomas et Gauthier.
Schizaster africanus de Loriol. — Ég.

CASSIDULIDÉES.

10 genres, 26 espèces.

Claviaster *libycus* Thomas et Gauthier.
Archiacia *acuta* Thomas et Gauthier.
— *palmata* Thomas et Gauthier.
— saadensis Peron et Gauthier. — A.
— sandalina Agassiz. — A., E.
— santonensis d'Archiac. — E.
Pygopistes *excentricus* Thomas et Gauthier.
Hypopygurus Gaudryi Thomas et Gauthier.
Echinobrissus angustior Peron et Gauthier. — A.
— *daglensis* Thomas et Gauthier.
— *djelfensis* Gauthier. — A.
— eddisensis Peron et Gauthier. — A.
— *inflatus* Thomas et Gauthier.
— Julieni Coquand. — A.
— Meslei Peron et Gauthier. — A.
— pseudominimus Peron et Gauthier. — A.
— *rimula* Thomas et Gauthier.
— rotundus Peron et Gauthier. — A.
— sitifensis Coquand. — A.
Catopygus *gibbus* Thomas et Gauthier.
Parapygus *cassiduloides* Thomas et Gauthier.
Cassidulus linguiformis Peron et Gauthier. — A.
TERTIAIRES. { Échinolampas *cepa* Thomas et Gauthier.
— Goujoni Pomel. — A.
— Perrieri de Loriol. — Ég.
Pliolampas *tunetana* Thomas et Gauthier.

ÉCHINONÉIDÉES.

2 genres, 3 espèces.

Pyrina *Bleicheri* Thomas et Gauthier.
— *meghilensis* Thomas et Gauthier.
Adelopneustes *Lamberti* Thomas et Gauthier.

ÉCHINOCONIDÉES.

3 genres, 10 espèces.

Echinoconus *marginalis* Thomas et Gauthier.
— *mazunensis* Thomas et Gauthier.
Discoidea Forgemoli Coquand. — A.
Holectypus cenomanensis Guéranger. — A., E.
— *corona* Thomas et Gauthier.
— crassus Cotteau. — E.
— excisus Cotteau. — A., E.
— Jullieni Peron et Gauthier. — A.
— serialis Deshayes. — A.
— turonensis Desor. — A., E.

FIBULARIDÉES et SCUTELLIDÉES.

5 genres, 5 espèces.

TERTIAIRES.
Thagastea Wetterlei Pomel. — A.
Fibularia *Lorioli* Thomas et Gauthier.
Scutellina *concava* Thomas et Gauthier.
Scutella *Bleicheri* Thomas et Gauthier.
Amphiope *cherichirensis* Thomas et Gauthier.

CIDARIDÉES.

2 genres, 4 espèces.

Cidaris *daglensis* Thomas et Gauthier.
— Dixoni Cotteau. — E.
— subvesiculosa d'Orbigny. — A., E.
Rhabdocidaris angulosa Peron et Gauthier. — A.

SALÉNIDÉES.

1 genre, 3 espèces.

Salenia *driesensis* Thomas et Gauthier.
— scutigera Gray. — A., E.
— *tunetana* Thomas et Gauthier.

Echinides. 8

DIADÉMATIDÉES et CYPHOSOMATIDÉES.

10 genres, 20 espèces.

Heterodiadema libycum Cotteau. — A., E.
Diplopodia *cherbensis* Thomas et Gauthier.
— Deshayesi Cotteau. — E.
— marticensis Cotteau. — E.
— *semamensis* Thomas et Gauthier.
Thylechinus Ioudi (Peron et Gauthier *sp.*) Pomel. — A.
— *simplex* Thomas et Gauthier.
TERTIAIRE. *Orthechinus tunetanus* Thomas et Gauthier.
Rachiosoma *Peroni* Thomas et Gauthier.
Cyphosoma *Aidoudi* Thomas et Gauthier.
— Baylei Cotteau. — A.
— *colliciare* Thomas et Gauthier.
— Maresi Cotteau. — A.
— *Sancti-Arromani* Thomas et Gauthier.
Orthopsis miliaris Cotteau. — A., E.
Micropedina olisiponensis (Forbes *sp.*) de Loriol. — A., E.
Goniopygus Brossardi Cotteau. — A.
— *Peroni* Thomas et Gauthier.
— royanus? d'Archiac. — E.
Codiopsis *Elissæ* Thomas et Gauthier.

Au total, 48 genres, dont 4 nouveaux, et 106 espèces, dont 50 inconnues avant ce travail. Les 56 autres espèces se répartissent ainsi :

48 avaient déjà été indiquées en Algérie; 11 d'entre elles se trouvent à la fois en Algérie et en Europe;
6 ont été rencontrées en Europe, non en Algérie;
2 existent en Egypte.

TABLE ALPHABÉTIQUE.

(Les caractères *italiques* indiquent les synonymes.)

www.ingramcontent.com/pod-product-compliance
Lightning Source LLC
Chambersburg PA
CBHW071205200326
41519CB00018B/5383